우주 담론

지구 너머를
사유하기 위한
지침서

Cosmic
Discourse

우주 담론
Cosmic Discourse

지구 너머를
사유하기 위한
지침서

이영준
조인용
박하신
안형준
최진석
이서영
김상규

ST PR ES S

우리가 우주로부터 배울 수 있는 것

높이 점프하려면 도약대 위에서 도움닫기를 잘해야 하듯이, 높이 멀리 우주로 가려면 지상에서 딛는 발판이 튼튼해야 한다. 여기서 발판이란 직접적으로는 우주선을 발사할 때 쓰는 발사대가 되겠지만, 조금만 시야를 넓히면 우주선을 발사하기 위한 모든 준비 단계를 포괄한다. 로켓엔진부터 동체에 해당하는 발사체와 제어 시스템, 여기 실릴 짐(페이로드(payload)라고 한다.)에 이르기까지 많은 것이 준비돼야 한다. 또한 하드웨어와 소프트웨어를 담당할 과학기술의 수준도 높아야 하고, 국가 예산이 많이 쓰이는 만큼 우주개발에 대한 이해도 있어야 한다. 예산을 배분하고 실행하는 정책 담당자만이 아니라 집에서 TV로 발사 장면을 볼 일반 대중의 이해 또한 중요하다. 대학입시를 잘 준비해야 원하는 대학에 갈 수 있듯이, 우주선 발사도 준비를 잘해야 안전하게 우주로 갈 수 있는 것이다.

일반인이 로켓을 타고 우주로 갈 수는 없지만, 우주로 가는 길이 궁금하다면 지상에서라도 찾아볼 수는 있다. 한국의 경우 전라남도 고흥군에 나로우주센터가 있고, 미국은 플로리다에 있는 케네디우주센터가 그런 곳이다. 나로우주센터는 아쉽게도 아무나 들어가지 못하지만 케네디우주센터는 관광객이 입장료를 내고 들어갈 수 있다. 물론 우주선 조립동이나 발사대 같은 핵심 시설에는 들어갈 수 없다. 그런 사실은 일단 제쳐두고, 여기서 생각해 볼 점이 있다. 우주란 우리가 매일 출퇴근하고 된장찌개 먹으며 지지고 볶는 일상과 완전히 동떨어진 곳일까? 그렇지 않다. 즉 우리가 살아가는 일상의 공간도 우주의 연장이다. 다만 공식적으로 '우주'라고 말하는 고도 $100km$의 카르만 라인 너머의 세계와는 차원이 다르기는 하다.

그래도 다섯 평짜리 방구석에 앉아서 우주를 간접적으로 체험해 보는 것은 얼마든지 가능하다. 상상과 지식의 날개를 편다면 말이다. 이는 단순히 공상의 문제만은 아니고, 훨씬 현실적인 이유도 있다. 일찌감치 근대의 테크놀로지를 발전시켜 온 국가들은 테크놀로지의 문화도 같이 발달했다. 테크놀로지에 대해 일반 대중이 흥미롭게 읽을 수 있는 아름다운 책들, 그 책들을 채우고 있는 정확하고 아름다운 사진과 그래픽, 충실한 설명, 수많은 영상 다큐멘터리와 영화들, 테크놀로지의 산물을 응용하여 예쁘고 재치 있게 디자인된 굿즈들. 이 모두가 테크놀로지의 문화를 경험하며 자라나는 다음 세대에 자연스럽게 그 의미를 가르쳐주고 있다. 이제 막 우주항공청을 연 한국에서는 이런 문화가 언제 꽃필지 알 수 없는 현실이다. 산업은 정책적으로 키울 수 있겠지만 문화는 정책으로는 키울 수 없기 때문이다. 문화의 가장 중요한 요소는 자발성이다. 즉 사람들이 스스로 테크놀로지에 대해 알고 싶어 하고, 기록하고 즐기고 싶어 할 때 테크놀로지의 문화가 생긴다. 정책은 다만 문화라는 꽃이 피어날 수 있도록 물과 비료를 줄 수 있다.

그렇다면 우리는 문화체육관광부나 우주항공청에서 테크놀로지의 문화를 꽃피울 화단을 마련해 줄 때까지 기다리고 있어야 할까? 그러기에는 테크놀로지의 발전 속도가 너무 빠르다. 새로운 용어들에 간신히 익숙해지면 어느새 그 용어는 낡은 것이 돼버리고 유행도 지나가 버린다. 결국 화단은 우리 손으로 만들어야 한다. 그래서 우리가 접근할 수 있는 우주의 차원을 이해하기 위해 『우주 담론』이라는 책을 엮었다. 이 책에는 우주에 대한 다양한 담론의 스펙트럼이 실려 있다. 재난 사고(이영준), 우주론(조인용), 창작(박하신), 정책(안형준), 인문(최진석), 디자인(이서영), 연표(김상규) 등이 그것이다.

'재난 사고'에 대한 글은 우주로 나가는 것이 얼마나 위험한 일인지 다루고 있다. 우주탐사는 비극으로 점철된 역사가 있는데, 이제 막 자력으로 설계하고 제작한 우주발사체를 띄운 한국의 우주과학과 산업은 과연 그런 비극을 견딜 준비가 돼있는지, 비극을 딛고 일어설 힘은 있는지 묻는 것이 이 글의 목적이다. '우주론'은 어려울 수밖에 없다. 수학과 물리학을 잘 알아야 우주론도 이해할 수 있는데, 우리는 대개 '수학 포기자'였거나, 아니면 기껏 힘들게 배워놓고 잊어버린 '수학 망각자', 둘 중 하나이기 때문이다. 그래도 우주론에 대한 글을 읽으면 한 가지는 배우는 것이 있다. 우주 앞에서 우리는 겸허해져야 한다는 점이다. 나아가 과학과 지식 앞에서 겸허해져야 할 것이다. '창작'은 우주가 단순한 과학의 무대가 아니라 인간이 끊임없이 새 이야기를 써내려 가는 서사의 장이라는 점을 추적한다. 고대 신화에서 현대 SF에 이르기까지 우주를 둘러싼 상상력은 언제나 인류의 삶과 문화에 맞닿아 있다. 이 글은 우주 창작이란 주제로, 우주에 마음을 쓰는 인간의 방식과 그로부터 피어나는 새로운 윤리를 탐색한다.

'정책'은 우주경제 정책과 우주개발이 우리가 먹고사는 문제와 어떻게 연결되는가를 다루고 있다. 이 글은 국가가 우주개발에 대해 어떤 비전을 갖는지, 또 우주경제 정책을 어떻게 국가 성장의 새로운 축으로 삼기 위해 노력하는지 그 과정을 살핀다. 이를 추적하며 우리는 우주개발이 단순한 기술 개발을 넘어서 경제와 안보, 산업과 지역 발전을 포괄하고, 미래에 대한 국가적 비전을 수립하는 전략이며 제도란 것을 확인할 수 있다. '인문'은 포스트휴먼을 화두로 삼아서 우주 사상에 대한 이야기를 풀어나간다. 우주는 지상과 차원이 다른 세계인데, 거기 가서 적응하려면 지상의 인간과는 다른 존재여야 한다. 그러므로 지금의 인간과 다른

차원으로 진화한, 혹은 퇴보한 포스트휴먼의 이야기가 나오는
것이다. '디자인'은 로켓에서부터 우주복에 이르기까지 다양한
우주 관련 물건들의 디자인에 대한 글이다. 우주 관련 디자인은
일반인이 지상에서 쓰는 평범한 물건과는 차원이 다른, 우주적인
디자인이어야 할 텐데 과연 그게 무엇인가를 다룬 글이다.
마지막에 실린 '연표'는 인간이 우주에 대해 관심을 가지기
시작하여 첨단기술을 써서 실제로 우주로 나아가게 된 역사를
담고 있는 일종의 우주 고고학적 연표다. 결국 우주탐사는
사람이 하는 일이기 때문에 그 관심의 기원과 전개는 오늘날
우주로 향하는 눈의 근원이 어디에 있는지 알 수 있는 중요한
지표가 된다.

　　이 글들을 다 읽고 나면 우주에 가까이 다가갔다고 할 수
있을까? 그 답은 눈을 어디에 두느냐에 달려있다. 우주적으로
사고하고 감각한다면 우주에 가까이 갔다고 할 수 있을 것이다.
우주란 멀리 있지 않다. 책갈피 속에, 멀리 보는 눈 속에, 우리의
마음속에도 있다.

　　이영준
　　서울과학기술대학교 융합교양학부 교수, 기계비평가

아폴로 12호의 승무원이 1966년에 먼저 달에 착륙한 서베이어호를 검사하고 있다. ⓒ NASA

카시니 탐사선이 2006년 촬영한 토성 ⓒ NASA

카시니 탐사선이 촬영한 토성의 달 이오 ⓒ NASA

탈출속도: 우주에서의 사고에 대한 복기

이영준

13

이영준

1969. 7. 21.	아폴로 11호가 달에 착륙한 날 한국의 모든 초중고교가 하루 쉬었음. 맞은편 집에 사시던 역사학자 홍이섭 선생께서 "오래 살고 볼 일이야"라고 말하는 장면을 봄.
1997	Estes사의 추력 4.9파운드의 모형고체로켓을 발사함.
2005	미국 플로리다에 있는 NASA 케네디우주센터를 견학함.
2012	미국 캘리포니아 패서디나에 있는 NASA 제트추진연구소를 견학함.
2015	일민미술관에서 NASA의 우주개발 관련 사진들을 모아 전시 '우주생활'을 기획함. 소백산 천문대에 방문하여 천체망원경으로 목성을 관찰함.
2020	월간《디자인》의 우주 관련 특집을 위해 나로우주센터를 방문하여 다양한 분야의 엔지니어들과 우주발사체의 제작과 발사에 대해 토의함.
2024	Estes사의 모형고체로켓을 다시 발사함.
2025	서울과학기술대학교에서 '로켓 디자인에 숨겨진 비밀'이라는 제목으로 발표함.

   나로우주센터를 방문하여, 로켓엔진에서부터 액체산소탱크에
이르기까지 우주선을 이루는 다양한 부분들을 둘러보고,
관계자들께 많은 질문을 던지고 나서, 마지막으로 본부장을
만나서 한 질문은 한국은 우주에 사람을 보낼 계획이 있는지였다.
본부장의 대답은 당분간 그런 계획이 없다는 것이었다.
우주인들이 우주정거장에서 장기간 생활하고, 우주유영을 하는
모습을 뉴스에서 익숙하게 봐왔기 때문에 인간을 우주로 보내는
일을 당연한 것으로 생각하고 있었다. 그런데 나로우주센터
본부장의 대답이 현실은 그렇지 않다는 것을 일깨워 주었다.
사람을 우주로 보내려면 우주선에 사람이 탈 거주 공간이
필요하므로 일단 발사체가 훨씬 더 커야 할 것이다. 더 큰
발사체에는 더 큰 엔진이 필요할 것이고, 더 큰 엔진은 더
큰 공학적 어려움을 해결해야 할 것이다. 비용은 말할 것도
없고 말이다. 단 몇 시간 혹은 며칠을 비행한다고 해도 사람이
우주에서 생활 혹은 생존하는 데 필요한 산소 공급, 공기 조절,
식사 및 배변을 위한 온갖 설비가 필요할 것이다. 그리고 지구와
멀리 떨어져 밀폐된 우주공간에서 생활하는 데 따르는 심리적인
스트레스를 견딜 수 있는 준비도 필요할 것이다. 사람이 아닌
물체는 설사 발사에 실패해서 폭발해도 금전적인 손실만으로
끝나지만, 사람을 태운다고 하면 안전에 대한 대책이 엄청나게
필요할 것이다. 결국 이런저런 문제로 한국의 우주인은 이소연
씨 이후로 계획이 없는 것으로 보인다.
   정부의 관계 부처 합동으로 발표된 2024년판 '제4차
우주개발 진흥 기본계획'을 보면 '유인우주기지 건설기술 로드맵
구축 및 기반 마련', '2045년 유인 우주 수송 역량 완성'이라고는
돼있는데, 구체적인 실천 방안이 없이 계획만 나열돼 있다.
2045년이면 앞으로 20년 후니까 그 안에 정권이
바뀌고 정책이 바뀌면 우주개발 계획이 어떤 방향으로

갈지 알 수 없는 노릇이다. 사람을 우주로 보내기가 어렵다는
것은 한국보다 앞서서 우주개발에 나선 나라들의 많은 사례에서
살펴볼 수 있다. 수많은 우주인이 지구 밖으로 나가려다 사고를
당해서 목숨을 잃고 말았다.

우주인은 지구 대기권을 벗어나기 위해 자신을 위험에
빠트릴 수 있는 조건에서 탈출해야만 한다. 그 첫째 조건이
탈출속도다. 탈출속도 escape velocity란 행성의 중력권으로부터
탈출하기 위한 속도를 말한다. 태양계의 행성이 중력권을
탈출하는 데 필요한 속도는 행성의 크기에 따라 중력의 크기가
다르므로 다음처럼 다 다르다. 지구의 탈출속도는 $11.19 km/s$,
달은 $2.37 km/s$, 목성은 $59.5 km/s$, 태양은 $617.5 km/s$다. 아폴로호에
탄 우주인이 달에 착륙한 후 다시 이륙해서 지구로 올 때
$2.37 km/s$의 탈출속도를 극복해야 했다. 그러나 액체로 된 행성인
목성에는 착륙조차 불가능해서 목성으로부터의 탈출속도란
의미가 없다. 또 태양에서 탈출한다는 것은 애초에 불가능한
일이라 태양으로부터의 탈출속도도 의미 없는 숫자일 것이다.
한편 물체가 지구 지표면으로 추락하지 않고 지구의 중심을
원 궤도의 중심으로 하여 원운동 할 수 있는 최소한의 속력을
'제1우주속도'라고 한다. 지구의 제1우주속도는 $7.905 km/s$,
화성의 제1우주속도는 $3.55 km/s$, 목성의 제1우주속도는
$42.12 km/s$이다.

결국 우주탐사란 지구탈출속도와 제1우주속도를 극복하는
일이 될 것이다. 하지만 안타깝게도 수많은 우주인이
$11.19 km/s$라는 지구탈출속도에 도달하기 전에 희생됐다.
그렇다고 우주개발이 허무하게 끝난 것은 아니다. 그것은 수많은
역경을 극복하고 나서 이룬, 피로 쓴 서사시라고 할 수 있을
것이다. 사고를 겪을 때마다 다양한 대책이 나왔고,
그런 대책이 쌓여서 오늘날의 우주여행은 과거보다

안전한 것이 됐다. 이 글에서는 대표적인 우주선 사고들의
사례를 통해 사고가 일어난 원인은 무엇이었으며, 사고에 대한
조사와 대책은 어떻게 이루어졌는지 알아보고자 한다. 그
사고들은 아래와 같다.

1. 아폴로 1호 사고(1967)
2. 챌린저호 사고(1986)
3. 컬럼비아호 사고(2003)
4. 소유스 11호 사고(1971)

이런 사고의 기술적인 문제를 다루는 것이 이 글의 목적은
아니다. 이 글은 그런 사고의 원인을 분석하고 대책을 제시하고
있는 사고조사보고서를 1차 자료로 삼아서, 어떤 내러티브로
사고에 접근하고 있는지 분석하고자 한다. 사고에 대한
내러티브는 혼돈과 충격의 파편 덩어리인 사고를 하나의 읽을
수 있는 텍스트로 엮어내어 사고의 성격과 본질을 인식할 수
있게 해주며 그에 대한 대책을 마련할 수 있게 해준다. 결국
사고란 기술의 평면에서 일어나는 것이기도 하지만, 그것을
엮어주는 인식의 체계가 무너진 사건이라고 할 수 있는데,
사고조사보고서는 사고의 파편들을 다시 짜맞추어 사고를
인식할 수 있는 어떤 것, 다룰 수 있는 어떤 것으로 만들어준다.
이 글에서는 다음 네 건의 사고에 대한 조사보고서를 토대로
사고의 내러티브를 파악해 보고자 한다. 사고조사보고서를
통한 사고에 대한 대책은 희생을 딛고 다시 일어설 수 있게
해준다는 점에서 우주개발을 지속할 힘이 된다고 볼 수 있다.
어느 나라든지 우주발사체를 개발하는 과정에서 수많은 실패를
겪게 되는데, 그것을 딛고 일어서는 것이 성공의
원동력이라고 할 수 있다. 그래서 우주개발의 가장

중요한 키워드를 회복력 resilience, 즉 '쓰러져도 다시 일어서는 의지와 힘'이라고 정하고 싶다.

먼 미래에 한국도 우주에 사람을 보낼지도 모른다. 그때 사용될 발사체의 디자인은 이 글에서 다루고 있는 우주왕복선이나 소련의 우주선과는 매우 다를 것이다. 그러나 우주탐사에서 변하지 않는 사실이 있다. 우주로 가는 길은 예나 지금이나 위험한 길이고, 그 과정에서 실패로부터 배울 준비가 돼있어야 한다는 점이다.

1. 아폴로 1호 사고(1967)[1]

최초로 달에 인간을 보낸 아폴로 11호 시리즈 중 첫 번째라고 할 수 있는 우주선의 이름은 '아폴로 1호'가 아니었다. 그 로켓의 정식 명칭은 '아폴로204'였고 아폴로 1호라는 이름은 나중에 붙게 된 것이다. 1967년 1월 27일 발사 훈련을 위해 발사대에서 대기 중이던 아폴로204의 사령선에서 불이 나 버질 그리솜, 에드워드 화이트, 로저 채피 등 세 명의 우주인이 목숨을 잃었다. 불은 25초 남짓 탔지만 사령선 내부가 산소 100%로 채워져 있었기 때문에 맹렬히 탔고, 세 명의 우주인은 모두 목숨을 잃었다. 나중에 그들의 사인은 연기에 의한 질식사로 밝혀졌다.

아폴로 1호 화재 사고의 원인은 꽤 복잡했다. 아폴로 1호를 설계할 때 중요하게 대두된 문제가 무게였다. 아폴로 우주선은 사령선 command module과 착륙선 lunar module으로 이루어져 있는데, 둘의 무게를 합하면 29톤이나 나갔다. 강력한 추력을 가진 새턴 5호 로켓으로도 그 정도의 무게를 쏘아 올린다는 것은 쉽지 않은

---

1 Ryan S. Walters, *Apollo 1: The Tragedy That Put Us on the Moon*, 양장본 (2021. 5. 25.).
   Charles River Editors(Author, Publisher), *The Apollo 1 Disaster: The Controversial History and Legacy of the Fire that Caused One of NASA's Greatest Tragedies*, Bob Barton(Narrator).

일이었다. 그래서 우주선의 무게를 줄여야 할 필요가 대두됐는데,
로켓의 최상단에 있는 우주선의 무게를 1파운드만 줄여도
로켓에서 추가로 수십 파운드의 추력을 얻을 수 있기 때문이었다.
그래서 NASA는 승무원이 타는 거주 구역의 무게를 줄이기로
했다. NASA가 주목한 것은 공기 공급 시스템이었다. 실내에
지상의 대기와 비슷한 조성으로 된 산소와 질소를 공급하려면 두
기체를 위한 배관이 있어야 했는데 이는 매우 무거웠다. 그래서
질소 없이 산소를 위한 배관만 실어 무게를 줄이기로 했다.
산소와 질소를 같이 공급하는 시스템은 두 기체의 혼합비를
항상 맞춰줘야 하는데, 시스템이 고장 나서 혼합비가 틀리면
승무원들이 위험에 처하게 된다. 그런 문제를 없애기 위해서라도,
또 산소만 공급하는 단일 체계가 더 단순했기 때문에 위험이
덜하다고 판단했다. 아폴로보다 앞서 발사된 머큐리 우주선도
산소 100%로 채웠으나 아무 문제가 없었기 때문에 잘
넘어갈 것이라고 기대했다. 그래서 발사 때는 해수면에서의
표준대기압인 14psi보다 2psi 높은 16psi의 산소로 채우고 발사한
다음, 압력을 점점 낮춰 5psi 산소로 채워서 화재의 위험도
낮추고 승무원들이 숨 쉴 수 있게 한다는 계획이었는데, 문제는
16psi의 높은 압력의 산소에서는 평소에 잘 타지 않던 것도 쉽게
불이 붙을 수 있다는 것이었다. 결국 사고는 나고 말았다.[2]

　　이 사고로 아까운 인명이 희생됐지만 그 희생은 헛되지
않았다. 그 후로 아폴로 우주선의 구조와 발사 절차에 대해
많은 것이 바뀌었고, 우주비행은 더 안전한 것이 됐기 때문이다.
아폴로 1호의 화재 사고 이후로 바뀐 것은 세 가지가 있다.

2　Amy Shira Teitel, "Why Apollo Had a Flammable Pure Oxygen
Environment", 2019. 4. 14., https://www.discovermagazine.com/the-
sciences/why-apollo-had-a-flammable-pure-oxygen-environment

아폴로 1호 승무원들 ⓒ NASA

첫 번째는 우주선을 산소 100%로 채우는 것은 위험하므로 60%의 산소만 채우게 됐다. 두 번째의 변화는 해치의 개폐 구조였다. 아폴로 1호에서 화재가 발생했을 때 희생이 컸던 중요한 이유는 해치를 바로 열 수 없기 때문이었다. 이전의 머큐리 4호에서는 해치를 안에서 바깥으로, 그것도 폭발 볼트를 사용하여 바로 열 수 있게 했었다. 그러나 머큐리 4호는 바다에 착수한 후에 해치가 바로 열리는 바람에 우주선이 바다에 침몰하여 우주인이 익사할 뻔한 적이 있었다. 그 후로 해치는 바깥에서 안으로 밀어야 열릴 수 있게 바뀌었고, 여는 절차도 복잡해져서 90초나 걸리게 됐다. 그것이 나중에 큰 희생을 불러올 줄은 아무도 몰랐다. 아폴로 1호의 선실 내에 불이 붙었을 때 불로 인해 급격히 높아진 내부 압력 때문에 해치를 안쪽으로 밀어 여는 것은 불가능했다.

세 겹으로 된 해치를 다 풀고 여는 데 5분이나 걸렸고, 그동안 우주선 안은 전소됐다. 그래서 이 사고 이후 7초 안에 우주선의 해치를 열 수 있는 구조로 바뀌었다. 세 번째의 변화는 우주선의 선실 안에 있는 가연성 재료를 불연성으로 바꾼 것이었다. 아폴로 1호 우주선 내부에는 전선의 피복과 내장재 등에 가연성 재료가 많이 쓰이고 있었다. 아폴로 7호의 지휘관이었던 월리 쉬라는 다음과 같이 회고했다.

"알루미늄으로 된 배관은 강철로 대체됐다. 냉각 파이프에는 고강도의 에폭시가 씌워졌다. 전선 다발도 금속 케이스로 보호했다. 나일론은 불연성의 테플론으로 교체했으며 종이의 사용도 최소화하여 우주인들은 책이나 잡지 등 읽을거리도 가지고 탈 수 없었다. 심지어는 게임용 카드도 가지고 탈 수 없었다."[3]

그런데 문제는 이렇게 눈에 보이는 것에 국한돼 있지 않았다. 우주선을 만들어 발사하려면 많은 협력 업체가 참여하는데, NASA가 아폴로 1호를 제작한 노스아메리칸 항공에 대한 관리 감독을 제대로 하지 못했다는 지적이 나왔다. 그러나 문제는 협력 업체에만 있는 것이 아니었다. 이 사고의 조사보고서는 다음과 같은 점을 지적하고 있다.

"이 사고가 불러일으킨 문제는 단순히 우주선의 기술적인 면에만 국한된 것이 아니었다. 문제 중의 하나는 NASA가 사고조사위원회에 모든 자료를 제출하지 않았다는 것이다. 이는 아폴로 1호의 뒤를 이어 발사될 두 번째 우주선 아폴로 012가 제작되고 있었기 때문에 더 문제가 될 수 있었다. NASA가 국민의 세금으로 운영되는 기관인 만큼 과연 NASA에서 실행하고 있는 우주개발 프로그램에 대해 대중이 신뢰하고

3　Ben Evans, "Apollo 1 tragedy: The fatal fire and its aftermath", *Astronomy*, 2023. 11. 16.

21

지지를 보낼 수 있는가 하는 문제도 제기되는 것이었다. 이는
이후 NASA가 의회에 문제의 범위를 어디까지 보고해야
하는가에 대한 행정적인 문제도 제기하는 것이었다."

이런 문제는 아폴로 1호에 국한하지 않았다. 이 글에서
이후에 서술할, 1986년의 우주왕복선 챌린저호 사고에
대해서도 같은 문제점이 지적됐다. 챌린저호 사고조사위원회는
보고서에서 다음과 같이 지적하고 있다.

"로저스 위원회에 대한 NASA의 대응은 애초에 위원회가
의도했던 바에 못 미치는 것이었으며 챌린저호 사고의 원인이 된
제도적인 실패의 요인도 개선하지 못했다."[4]

2. 챌린저호 사고(1986)

1984년 로널드 레이건 미국 대통령은 '선생님을 우주로'라는
프로젝트를 발표했다. 이는 우주탐사에 대한 대중의 관심을
높이고, 우주개발을 위한 예산 확보에 어려움을 겪고 있던
NASA를 돕기 위한 것이었다. 이 프로젝트에 미국 전역에서 1만
1000명의 교사가 지원했고, 그중 뉴햄프셔주 콩코드고등학교의
크리스타 매컬리프 선생님이 선발됐다. 이 프로젝트에서는
우주왕복선에 탄 선생님이 지상의 학생들과 실시간으로
교신하며 수업하고 몇 가지 실험도 할 계획이었다.

1986년 1월 28일 크리스타 매컬리프 선생님과 다른
우주인 7명을 태운 우주왕복선 챌린저호는 미국 플로리다주
케이프커내버럴의 케네디우주센터에서 발사됐다. 그러나 발사된
지 73초 만에 1만 4630m의 고도에서 폭발하여 승무원 전원이
사망하게 됐다. 역사상 최초로 선생님을 태운 우주선이 발사되는
장면은 미국 전역에 생중계됐는데, 발사 장면을

4 Columbia Accident Investigation Board, Report volume 1, 2003. 8.

지켜보며 환호하던 사람들은 처음에는 우주왕복선이 폭발한
것인지 몰랐다. 로켓이 발사될 때 여러 단으로 분리되기도
하니까 우주왕복선이 폭발하여 산산조각 나는 모습이 정상적인
분리 절차라고 생각했던 것 같다. 그러다가 잔해들이 처참한
모습으로, 바다로 곤두박질쳤을 때 모든 사람이 엄청난 충격에
휩싸였고, 현장에 있던 수많은 구경꾼도 어쩔 줄 몰라 하며
울기만 할 뿐이었다. 이 사고의 가장 안타까운 비극은 크리스타
매컬리프의 연로한 부모님이 그 장면을 현장에서 다 봤다는
것이다. 자식이 눈앞에서 산화하는 모습을 보는 부모의 심정은
비통함 그 자체였다. 생중계로 선생님이 우주로 가는 장면을
보고 있었던 콩코드고등학교의 학생들도 모두 엄청난 충격을
받았다. 충격이 미국에서만 느껴진 것은 아니었다. 당시 이
사고 장면은 한국의 TV에도 방영이 돼서 한국 사람들에게도 큰
충격을 주었다.

　　이 사고의 원인을 놓고 많은 논란이 있었는데 아이러니하게도
커다란 우주선이 폭발한 대참사의 원인은 어떻게 보면
사소하다고 할 수 있는 O자 모양의 고무링이었다. O자
모양으로 생겼다고 해서 O링으로 불리는 이 고무링은 3단으로
돼 있는 고체로켓부스터를 연결하는 것이었다. 챌린저호는
커다란 오렌지색의 액체연료탱크와 그 양옆에 두 개의
고체로켓부스터를 달고 있었다. 로켓부스터의 이음매에서
연료가 새지 않도록 고무링을 넣었는데, 고무는 온도가 낮으면
굳는 성질이 있어 고무가 굳으면 부스터의 이음매 사이에
잘 끼어들지 않고 딱딱하게 남아서 연소에서 생기는 뜨거운
배출가스의 누출을 막을 수 없다는 것이 문제였다. 결국
발사 도중 샌 가스에서 뿜어져 나온 화염이 챌린저호 전체를
집어삼켰고, 폭발에 이른 것이다. 또 하나 안타까웠던
것은 추락한 잔해를 수거해서 조사해 보니 보조호흡

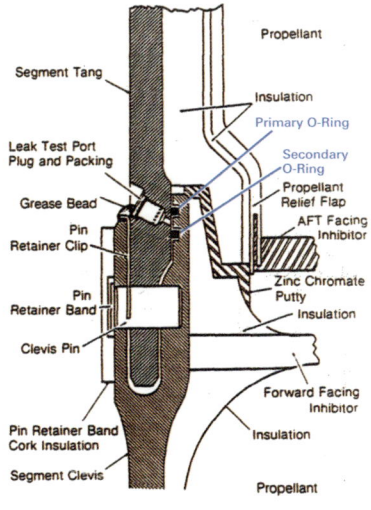

우주왕복선 챌린저호의
고체로켓부스트 이음매를 메우는
O링의 위치를 보여주는 그림
ⓒ NASA

챌린저호의 발사 때 사진.
오른쪽 하단에서 검은 연기가
새어 나오는 것이 보인다.
ⓒ NASA

장치 세 대가 열린 채 있었다는 점이다. 이것은 폭발 순간
우주인들이 살아있었으며, 그들이 타고 있던 캡슐도 얼마 간은
파손되지 않은 채 있었음을 의미하는 것이다. 물론 그 캡슐이
바다에 추락한 충격으로 승무원들이 사망한 것으로 추정된다.

챌린저호 참사를 둘러싼 문제의 한 축은 발사 날의 기상
조건이었다. 플로리다가 열대지방임에도 불구하고 1986년 1월
28일의 기온은 섭씨 0도에 가까울 만큼 추웠다. 그렇게 낮은
온도에서는 고무로 된 O링이 탄성을 유지할 수 없고 따라서
고체로켓부스터의 이음매를 잘 막아줄 수 없다는 우려가
진작부터 제기되고 있었다. 로켓을 제작한 모턴 티오콜사도 그
문제를 잘 알고 있었고 발사를 연기하자고 건의했다. 그러나
이미 다양한 이유로 여러 번 발사가 연기됐고, 마침 혜성이
다가오고 있었는데 우주공간에서 혜성을 관측할 기회를 놓칠 수
없었던 NASA는 발사를 강행하고 말았다.

예일대 교수인 에드워드 터프티Edward Tufte는 정보 디자인과
데이터의 시각화라는 관점에서 이 문제에 접근했다. 그는 발사
전날 모턴 티오콜사가 NASA에 보낸 팩스 문서를 분석해서
발사에 대한 정보의 전달이라는 면에서 무엇이 잘못됐는지
밝히고 있다. 모턴 티오콜의 엔지니어들은 챌린저호의 발사
전날 이전의 우주왕복선 발사 때 얻은 O링에 대한 데이터들을
분석하여 챌린저호는 발사하면 안 된다고 결론지었다. 터프티에
따르면, 그들이 NASA에 팩스로 보낸 문서에는 급하게 그린
13개의 차트가 있었으나, 정보를 정확하게 알아보도록 정리돼
있지 않았고 데이터들은 혼란스러웠다. 그래서 모턴 티오콜의
엔지니어들은 NASA의 발사책임자에게 챌린저호를 발사하지
못하도록 설득할 수 없었다. 게다가 문서의 표지에는 작성자의
이름조차 나와 있지 않았기 때문에, 발사의 연기를
권고하는 이 문서는 공신력을 가질 수도 없었다.

여기서 핵심은 챌린저호 이전에 발사된 13대의 로켓에서 나타난 O링과 외부 온도의 상관관계가 차트에 제대로 나타나 있지 않았다는 것이다. 터프티는 그 차트를 세세히 분석하면서, 글씨체도 신통치 않았고 시각적 기호들도 적절치 않았으며 차트가 구성된 방식이 외부 온도와 O링 손상의 상관관계를 제대로 보여주지 않았다고 비판한다. 결국 챌린저호는 제대로 된 정보 디자인의 결여 때문에 폭발한 것이라고 결론짓는다.

챌린저호 참사 이후 다시 우주왕복선을 발사하기까지 3년이 걸렸다. 그동안 많은 것이 바뀌었다. 우주왕복선에 비상탈출 시스템이 추가됐고, 고체로켓부스터는 재설계되어 챌린저호에 탑재됐던 것보다 훨씬 안전해졌다. 결국 우주로 가는 길은 사고의 희생으로부터 많은 것을 배워서 개선해 나가야 하는 잔혹한 길이다.

3. 컬럼비아호 사고(2003)

2003년 NASA의 우주왕복선 컬럼비아호는 발사 도중 작은 사고를 겪었다. 누구도 사고인 줄 모르는 사고였다. 발사 도중 외부연료탱크를 둘러싼 단열재 하나가 떨어져 나와 왕복선의 날개를 치며 구멍을 낸 것이었다. 단열재는 서류 가방 크기의 가벼운 스티로폼 비슷한 재료였으나 고속으로 날아가 날개를 직격하는 바람에 구멍을 낸 것이다. 그런데 이 구멍은 왕복선이 우주공간에 있는 동안에는 문제가 되지 않았다. 문제는 지구로 귀환할 때였다. 기체에는 엄청난 마찰열(사실은 마찰보다는 공기가 압축되면서 나는 열이 훨씬 높다고 한다)이 발생하고, 구멍으로 열기가 들어오면 주로 알루미늄으로 된 날개는 버틸 수 없을 것이기 때문이었다. 지상의 관제 요원들은 회의를 했다. 이 문제를 어떻게 해결할 것인지 고심했지만 어떤 해결도 가능하지 않았다. 그래서 고통스러운 결정을 내리게 된다. 왕복선에 타고 있는 우주인들에게 이 구멍의 진실을 알려주지 않기로 했다. 그래서 그들이 '행복하게' 비행하다가 무슨 일인지도 모르는 채 산화하도록 놔두자는 것이 그들의 결정이었다. 결국 2003년 2월 1일 우주왕복선 컬럼비아호는 지구로 귀환 도중 텍사스 상공에서 폭발하여 승무원들이 모두 산화하고 말았다.

우주선 사고가 나면 방대한 규모의 사고 조사가 이루어지는데 컬럼비아호의 경우 특히 조사가 더 철저하게 이루어졌다. 길이가 280km에 이르는 텍사스의 광범위한 지역에 펼쳐져 낙하한 잔해들 38톤을 수거했다. 우주왕복선 자체의 무게가 약 100톤이니까 38%의 부품들을 수거해서 원래의 설계 도면과 맞춰보고 어느 부분이 어떤 충격을 받아서 파손됐는지 일일이 분석한 것이다. 그리고 과연 서류 가방만 한 크기의 스티로폼으로 된 타일이 우주왕복선의 날개를 쳤을 때 구멍이 나는지 알아보기 위해 실제의 왕복선 날개와 구조며 재질이 같은 모형에다 압축공기로 작동하는 대포로 타일을 쏘았다. 그 결과 그 정도의 충격으로 구멍이 난다는 것을 확인할 수 있었다. 그리고 왕복선의 날개에 난 구멍을 뚫고 들어온 열로 해체되는 장면을 지상에서 찍은 여러 장의 사진과 비디오를 분석해서 승무원들이 어느 단계까지 생존해 있었는지, 그들이 마지막 순간까지 어떤 사투를 벌였는지도 알아냈다. 우주선이 해체되는 과정은 우주선을 만든 모든 질서와 개념들이 산산이 흩어져서 요소 간의 연결고리가 끊어져 버리는 파국의 순간이다. 사고조사보고서는 시간을 거슬러 그 파국의 순간을 재구성하고, 엉망으로 해체돼 버린 질서를 되살리는 것을 목표로 한다. 그 첫 단계는 모든 순간의 언어화였다. 그것은 언어로 기술되지 않는 부분에까지 언어기호를 부여하여 의미의 체계 속으로 편입시키는 것이다. 그렇게 함으로써

우주왕복선 컬럼비아호가 텍사스 상공에서 폭발하여 해체되면서
낙하하는 모습 ⓒ NASA

추락한 컬럼비아호의 잔해를 설계도와 맞춰보면서 사고의 원인을
추정하고 있는 NASA 연구원 ⓒ NASA

무질서와 혼돈으로 가득 찼던 사고는 파악할 수 있고 개념화할
수 있는 것으로 형성되고 질서가 잡힌다. 아래는 컬럼비아호
사고조사보고서에 쓰인 약어들이다. 특별한 기술 용어가 아닌
것에도 약어를 부여했다는 것은 가능한 한 모든 언어기호를
기술의 체계 속으로 넣겠다는 의지의 표명으로 보인다.

CAIB Columbia Accident Investigation Board

CAPCOM Capsule Communicator

CCA Communications Carrier Assembly

CE Catastrophic Event(CE는 우주선이 전방동체, 중앙동체,
후방동체로 분리되는 첫 단계를 말한다.)

CEE Crew Escape Equipment

CES Crew Escape System

CM Crew Module

CMCE Crew Module Catastrophic Event(CMCE는 승무원이
타고 있는 전방동체가 해체되는 것을 말한다.)

CRD Columbia Reconstruction Database

LIB Left Inboard

LOB Left Outboard

LOC Loss Of Control

LOS Loss Of Signal

LPU Life Preserver Unit

NET No Earlier Than

NLT No Later Than

TD Total Dispersal(승무원 탑승 공간이 여러 개의 부분으로
쪼개져 나간 순간을 말한다.)[5]

---

5 Columbia Crew Survival Investigation Report, NASA/SP-2008-565, xvi-
xviii.

이런 조사 과정을 거쳐, 사고조사보고서는 다음과 같은 권고 사항을 밝히고 있다.

1. 승무원 훈련 때 문제 해결 단계에서 생존을 위한 조치로 넘어가는 전환에 대해 훨씬 더 강조해야 한다. 이후의 우주왕복선 설계에서는 우주복에 대한 조작과 우주선의 설계를 완전히 통합해야 하고, 정상적인 임무 수행을 방해하지 않으면서 승무원을 보호할 수 있는 기능을 제공해야 한다.

2. 궤도선과 전방동체가 분리된 이후 나타나는 움직임에 대한 데이터를 고려하여 승무원이 거쳐야 하는 절차를 재평가해야 한다. 이후의 우주선에서는 제어 동작의 상실과 그로 인한 동역학적 현상이 우주선의 개발, 설계, 승무원 훈련에 적절히 통합되도록 평가가 이루어져야 한다. 앞으로 우주선의 좌석과 우주복은 비정상 상황에서도 승무원을 적절하게 고정하고, 운영 성능에 영향을 주지 않도록 통합되어야 한다. 미래의 유인우주선은 승무원의 생존 확률을 극대화하기 위해 우주선의 제어 능력 상실을 고려해야 한다.

3. 미래의 우주선 설계에서는 승무원의 생존 가능성을 높이기 위해 사고 시에 우주선의 시스템과 구조가 가장 완만하게 해체되도록 제어력의 상실과 공중분해에 대해 분석해야 한다.

4. 승무원의 생존 복장은 다양한 약점들(열, 압력, 풍압, 화학 노출 등)을 확인하기 위하여 하나의 통합된 시스템으로 평가되어야 한다.

5. 미래의 승무원 생존 시스템은 승무원을 보호하기 위해
   수동 조작에 의존해서는 안 된다.[6]

  컬럼비아호의 사고 때문에 우주왕복선 프로그램은 3년
가까이 중단됐다. 2006년 우주왕복선의 비행은 'Return to
Flight'란 이름을 달고 디스커버리호의 발사로 재개됐다.
이때 NASA는 대대적인 조치를 취했는데, 가장 극적인 것은
컬럼비아호 같은 사고가 날 것에 대비해서 디스커버리호를
발사할 때 똑같은 우주왕복선 인데버를 근처의 발사대에
대기시킨 것이었다. 디스커버리호가 발사 도중 사고가 날 경우,
우주공간에서 우주인들이 인데버로 옮겨 타도록 할 요량이었다.
우주왕복선 하나를 발사하는 데 돈이 어마어마하게 드는데
예비로 하나를 더 준비했으니 돈이 두 배로 들었을 것이다.
  그다음 극적인 조치는 온갖 종류의 카메라 준비였다.
컬럼비아호 사고 때 연료탱크에서 파편이 떨어져 나가는 모습을
제때 발견하지 못했기 때문에 사고가 난 걸로 결론지은 NASA는
발사 때 왕복선의 모든 디테일을 빈틈없이 찍기로 했다. 이때
동원된 카메라의 대수와 성능을 보면 놀랍기만 하다. 그 전의
발사에서는 네 대의 단거리 추적 카메라를 쓰다가 2005년부터는
대폭 보강되어 초점거리 1000*mm* 렌즈가 달린 카메라를 쓰게
됐다. 각각의 카메라는 왕복선의 모든 디테일에 초점을 맞추고
있었다. 어떤 카메라는 혹시라도 파편이 떨어져 나올 수 있는
외부연료탱크를 샅샅이 찍었다. 어떤 카메라는 외부연료탱크
꼭대기에 있는 수소 배출구를 집중적으로 찍었다. 모든
카메라 설치 지점에는 두 대의 필름 카메라와 한 대의 HDTV
비디오카메라가 설치됐다. 심지어는 초점거리 5m, 즉 5000*mm*의
초거대 망원렌즈가 달린 카메라도 사용됐다. 사용된

디스커버리호를 발사할 때 혹시 모를 사고에 대비해 케네디우주센터의 발사대에
우주왕복선 인데버를 같이 준비해 놓았다. ⓒ NASA

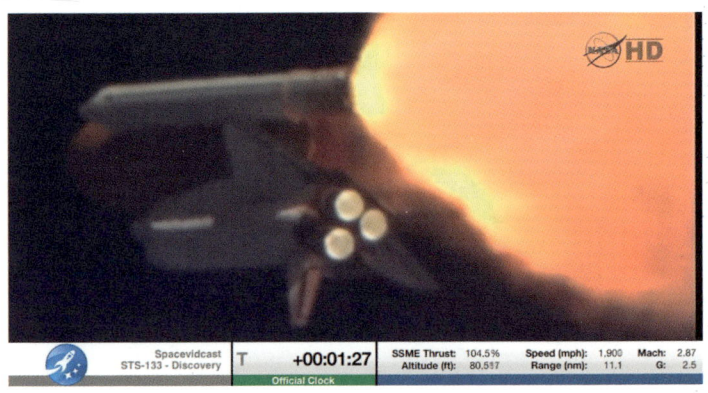

컬럼비아호 사고 이후 디스커버리호를 발사하는 장면은 가장 클로즈업 촬영된
발사 장면이다. ⓒ NASA

카메라는 총 84대로, 이 중 장거리 추적 카메라 21대, 중거리
추적 카메라 17대, 단거리 추적 카메라 9대(발사 후 57초까지
추적), 발사대 주변 카메라 37대가 쓰였다. 이렇게 촬영된
디스커버리호의 발사 모습은 이제껏 발사된 어떤 우주선보다
바싹 클로즈업된 모습이다. 발사 때 일어나는 어떤 디테일도
놓치지 않겠다는 듯이 확대된 디스커버리호의 모습은 마치
수많은 사고를 겪고 이제는 우주선 발사가 안전하다는 선언같이
보인다.

4. 소유스 11호 질식 사고(1971)

앞서 서술한 세 건의 우주선 관련 사고는 모두 지구 대기권
안에서 일어났다. 이제까지 일어난 우주 사고 중 우주공간에서
일어난 것은 1971년의 소유스 11호 사고가 유일하다. 많은
우주사고가 우주공간에서 벌어지지 않고 지구 대기권 안에서
벌어졌다는 것은 지구를 벗어나서 우주공간으로 가기가 그만큼
힘들다는 것을 증명하는 것인지도 모른다. 1971년 6월 6일
게오르기 도브로볼스키, 블라디슬라프 볼코프, 빅토르 파차예프
등 세 명의 소련 우주인들은 최초의 우주정거장인 살류트에
도킹하기 위해서 소유스 11호에 타고 한 달간의 비행에 나섰다.
그들이 여러 가지 과학 실험을 마치고 카자흐스탄의 평원에
착지했을 때, 해치를 열어본 결과 세 명의 우주인 모두 숨을
거둔 채로 발견됐다. 그들은 원래 예정된 우주인들이 아니었다.
그들보다 먼저 준비하고 있던 세 명의 우주인 중 한 명이 결핵에
걸려있을지도 모른다는 진단이 나와서 발사 이틀 전에 대체
승무원으로 전원 교체됐다. 대체 승무원들은 훈련할 시간이
넉 달밖에 없었기 때문에 체계적인 기준에 맞추어
제대로 된 훈련을 받지 못했다.

소유스 11호에서 희생된 우주인들을 기리는 우표

소유스 11호는 궤도 모듈, 하강 모듈, 서비스 모듈의 세
부분으로 돼있고, 재진입할 때 폭발 볼트가 작동해서 하강
모듈이 다른 두 모듈로부터 분리되는 구조였다. 엔지니어들은,
궤도 모듈과 하강 모듈을 분리해 낼 여섯 개의 폭발 볼트와
장약이 원래는 차례대로 폭발하게 돼있었으나 동시에 폭발했고,
그 충격으로 $4km$의 고도에서 열려야 했던 환기용 밸브가
$160km$의 고도에서 열리는 바람에 너무 일찍 외부 대기에 노출된
승무원들이 질식사했다는 것을 밝혀냈다. 승무원들은 공기가
새어 나가는 것을 알고 재빨리 밸브를 닫으려 했으나 수동으로
밸브를 닫는 구조가 아니었기 때문에 실패했다. 이 사고의
원인은 잘못 설계된 환기 밸브였다. 어찌 보면 부수적으로
보이는 환기 밸브 때문에 아까운 인명이 희생됐다는 것도 우주선
사고의 아이러니다. 그런데 환기 밸브 디자인상의 오류는 한
가지가 아니라 여러 가지였다는 것이 더 큰 문제였다. 이 밸브는
궤도 모듈과 하강 모듈을 분리하는 폭발 볼트의 이상폭발로
생기는 과도한 충격에 견디도록 설계돼 있지 않았다.
환기 밸브에는 공기가 누출될 때 알려줄 경보 시스템이

갖춰져 있지 않았다. 그래서 승무원들은 공기가 새는 곳이
어디인지 찾느라 아까운 시간을 허비해야 했다. 환기 밸브는
승무원들의 손이 닿지 않는 계기판 뒤에 있었다. 환기 밸브에는
만일의 사태에 닫을 수 있는 예비 시스템이 갖춰져 있지 않아서
설사 공기의 누출이 어디서 일어나는지 알았어도 승무원들이
밸브를 닫을 수 없었다.

NASA는 앞서 컬럼비아호 우주왕복선 사고 때 내린 권고안을
소유스 11호에도 적용한다. 물론 컬럼비아호는 2003년이고
소유스 11호는 1971년이어서 시기적으로 순서가 안 맞지만
같은 문제점이 노출됐기 때문이다. 그것은 우주인들이 지구에
재진입할 때 급작스러운 압력강하에 대비하여 신체를 보호해
줄 압력복을 잘 갖춰야 한다는 것이다.[7] "미래의 우주선에서는
우주복에 대한 조작이 우주선의 설계와 완전히 통합돼 있어야
하고 정상적인 조작을 방해하지 않으면서 승무원을 보호해 줄
사항들이 제공돼야 한다."[8]

우주정거장 살류트와 소유스 11호. 오른쪽이 소유스 11호다.

[7] NASA, "System Failure Case Studies: Descent into the Void", Volume 4 Issue 9, 2010. 9.

[8] 같은 글, xxiv.

이 사고 이후 소유스의 재발사는 27개월 동안 중단되었다.
그 시간 동안 많은 개념이 수정되었다. 소유스 우주선은 이
사고 이후 두 명의 우주비행사만 태울 수 있도록 대대적으로
재설계되었고 그렇게 해서 생긴 여유 공간 덕분에 승무원들은
발사 및 재진입 때 소콜 우주복을 입을 수 있었다. 소콜은
비상용으로 제작된 경량 압력 슈트로, 현재까지도 개량된 버전이
사용되고 있다.

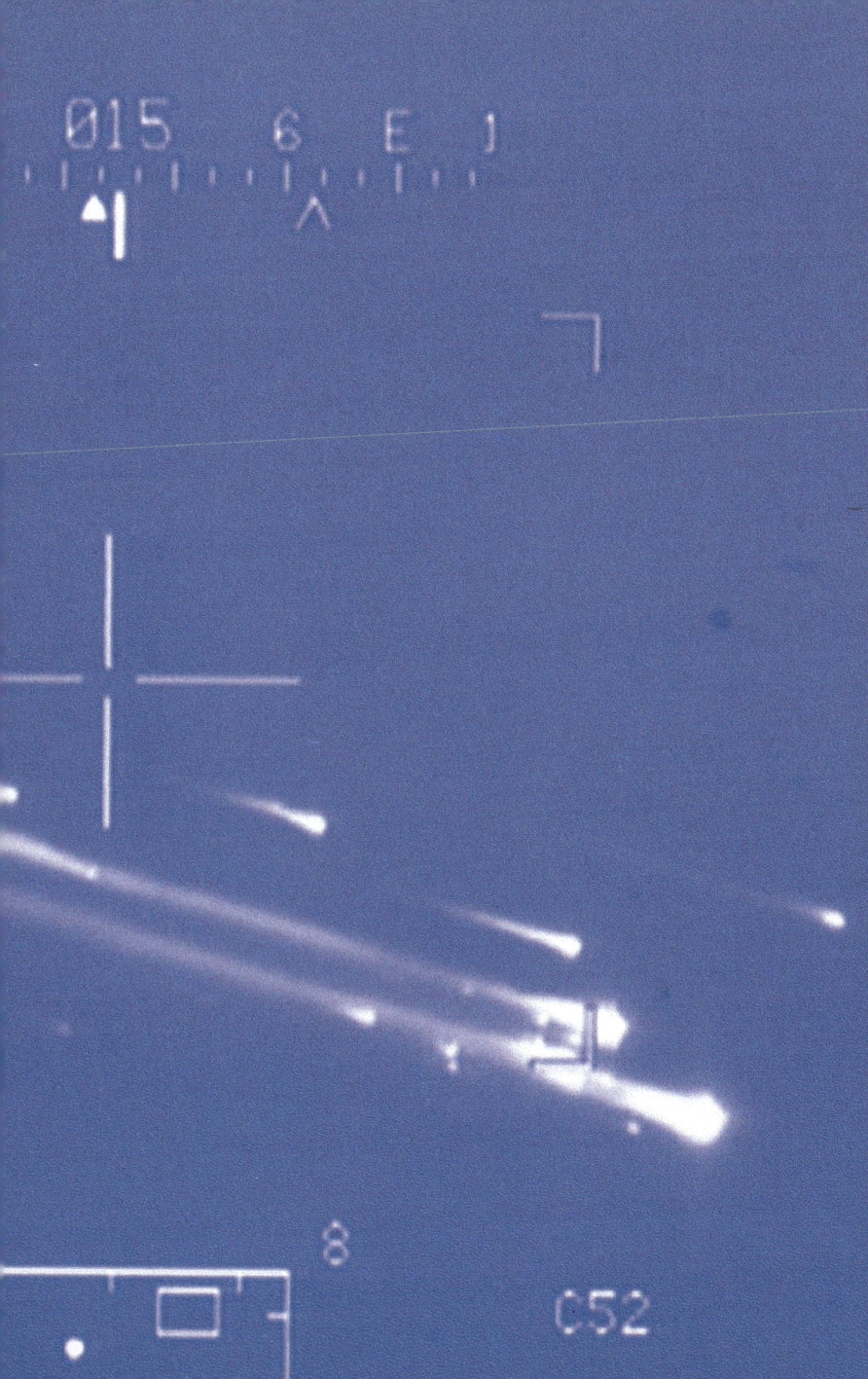

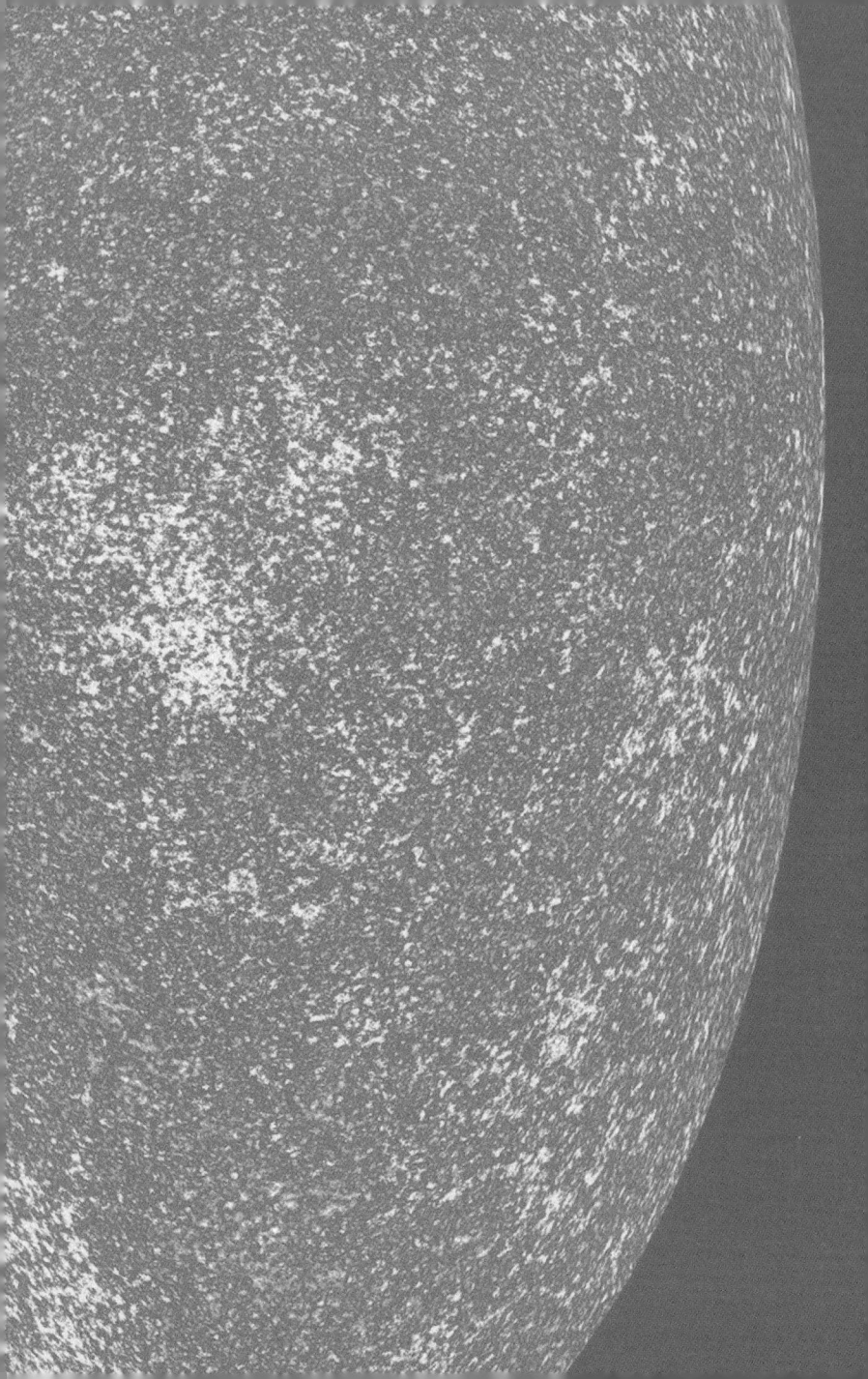

우주의 진화와
우주론의 최근 쟁점들

조인용

서울대학교 천문학과를 졸업하고 미국 터프츠대학교
물리학과에서 박사 학위를 취득했다. 이후 미국
에모리대학교 물리학과, 국립 멕시코대학교 핵과학연구소,
프랑스 파리 제11대학교 이론물리연구소, 서울대학교
물리학과에서 연구원으로 활동했고, 성균관대학교
연구교수를 거쳐 현재는 서울과학기술대학교 자연과학부
교수로 재직하고 있다. 초기 우주 모델 개발, 인플레이션,
블랙홀 등 우주론과 상대론에 관한 천체물리학 연구를
진행 중이다.

우주의 팽창과 빅뱅

천체물리학astrophysics은 우주 전반을 대상으로 그
원리와 현상을 탐구하는 학문 분야다. 방법적으로는 이론과
관측(실험)이 모두 사용되며, 접근 방식은 물리학과 천문학을
기반으로 한다. 물리학적 측면에서는 이론과 실험을 막론하고
대상이 우주 및 천체인 분야를 천체물리학으로 부르고 있으나,
천문학적 측면에서는 원래 다루는 대상이 우주와 천체이므로,
그중 방법론적으로 좀 더 이론적 원리에 치중하는 분야를
천체물리로 분류하는 경향이 있다. 현대에 와서는 하나의
대상에 다각적 접근과 연구가 진행되기 때문에 분야별 경계가
모호해지는 추세이기도 하다. 본 필자는 물리학적 관점에서
천체물리학을 연구하고 있다.

천체물리학 중 우주의 탄생과 진화에 관련된 일련의 내용에
대한 연구는 우주론cosmology으로 분류된다. 이 글에서는 현대
천체물리학에서 보편적으로 인정되는 우주의 진화와 우주론의
최근 쟁점들을 개괄적으로 소개하고자 한다. 이로써 독자들이
우주를 이해하는 데 도움이 되었으면 한다.

우주의 팽창

"우주는 팽창한다." 이 명제는 모든 사람이 알고 있는
내용일 것이다. 그런데 "우주는 왜, 어떻게 팽창하는가?"에 대한
답을 알고 있는 사람은 그리 많지 않을 것이다. 이 글을 통해
우리는 이에 대한 답을 알아보고자 한다. 우주가 팽창하는 것을
'빅뱅'이라고 부르는가? 그렇지 않다. 우주가 팽창하는 것은
20세기 초 관측적으로 먼저 알려졌고, 우주가 작은
점에서 출발하여 커졌다는 가설이 빅뱅 이론이다.

우주의 팽창에 관한 가장 유명한 이론은 '허블 법칙'이다. 그러나 우주의 팽창은 허블 법칙의 등장 이전에 몇몇 천문학자들에 의해 이미 발견되었다. 그중 슬라이퍼 Vesto Melvin Slipher, 1875~1969는 은하의 스펙트럼 관측에서 흡수선의 '적색이동'을 관측하였다. 이로부터 우리은하의 이웃인 안드로메다은하와 같은 몇 개의 은하를 제외하고는 많은 은하가 우리은하에서 멀어진다는 것을 알아내었고, 이 발견을 1914년에 최초로 공표하였다. 이론적으로는 프리드만 Alexander Friedmann, 1888~1925이 1922년에, 르메트르 Georges Lemaître, 1894~1966가 1927년에 아인슈타인 Albert Einstein, 1879~1955의 일반 상대론을 우주에 적용하여 팽창하는 우주 모델을 제시하였다. 허블 Edwin Hubble, 1889~1953은 이 같은 탐구를 이어받아 슬라이퍼의 외부은하 적색편이와 리비트 Henrietta Leavitt, 1868~1921의 세페이드 변광성을 이용한 천체의 거리 측정법을 이용하여 거리가 먼 은하가 더 큰 속도로 멀어진다는 허블 법칙을 1929년에 발표한 것이다.

이후 르메트르의 팽창하는 우주 모델을 기반으로 우주가 한 점에서 폭발하여 팽창하며 핵융합과 같은 여러 우주론적 현상들이 일어났다는 '빅뱅' 이론이 가모프 George Gamow, 1904~1968 등에 의해 수립되었다.

우주의 구성 물질과 팽창

그렇다면 우주는 왜 팽창하는 것일까? 이것은 '중력'으로 설명되며, 뉴턴 역학으로부터 추론할 수 있을 것이다. 지구와 사과라는 두 물체를 생각해 보자. 사과를 공중으로 던지면 사과는 상승하다 떨어진다. 만약 사과를 매우 빠른 속도로 던지면 사과는 지구로 다시 돌아오지 않고 우주선처럼 지구를 떠나 이탈할 것이다. 즉 지구와 사과, 두 물체는

계속 멀어진다. 우주가 팽창하는 것도 우주의 천체들이 이런
방식으로 멀어짐을 의미한다. 우주에 물질이 많아서, 즉 질량이
커서 중력(인력)이 크게 작용한다면, 훗날 우주는 팽창을 멈추고
수축할 수도 있다. 이 경우 현재 우주는, 지금은 상승 중이나
언젠가는 떨어질 사과와 같은 것이다.

　　우주의 팽창에 대한 보다 정확한 해답은 프리드만,
르메트르가 우주 진화 모델을 제시하기 위해 사용한 일반
상대론에서 찾을 수 있다. 일반 상대론도 뉴턴 역학과
마찬가지로 중력에 대한 이론이다. 아인슈타인은 1905년에 특수
상대론을, 1915년에 일반 상대론을 제시하였다. 일반 상대론에
의하면 물질은 시공간에 곡률을 준다. 즉 물질이 원인이 되어
시공간을 휘게 한다. 물질이 기하의 원인이라는 의미이다.
아인슈타인 방정식은 바로 이런 물질과 기하 사이의 방정식이며,
이 방정식의 해가 시공간의 구조를 기술하는 기하를 결정한다.

　　물질 분포가 '정적 static'으로 유지되면 시공간의 구조(기하)도
정적일 것이고, '동적 dynamical'이면 시공간도 시간에 따라 변할
것이다. 절대적으로 정적인 물질 분포는 상상하기 힘들지만,
공간에 질량을 가진 변형이 없는 구형의 물질이 하나만 있다고
가정하면 이 물질이 만드는 시공간은 정적이라고 할 수 있겠다.
별을 그에 근사한 형태로 볼 수 있다(물론 완전 구형도 아니고,
내부에는 비정적인 변형이 있지만.).

　　그럼, 우주를 구성하는 물질은 무엇이며, 이 물질은 우주의
시공간을 어떻게 휘게 하는가? 우리가 머릿속에 우주를 그려보면,
지구와 행성으로 이루어진 태양계가 있고, 약 천억 개의 별들이
우리은하를 이루고 있고, 그 밖에는 안드로메다와 같은 주변
은하가 있다는 것을 떠올릴 수 있다. 또 그 밖에는 무엇이
있을까? 수십 개의 은하들이 무리를 이루어 은하군을
형성하고, 이들이 모여 은하단, 또 이들이 모여

초은하단을 형성한다. 이런 수많은 초은하단으로 우주의 거대
구조는 이루어져 있다. 그리고 상술한 천체들 외에도 더 많은
종류의 물질들이 우주에는 존재한다. 그 대표적인 예가 빛이다.

우주의 구성 물질을 대략 두 종류로 구분한다. 먼저
'복사성 radiation 물질'이다. 이것은 빛처럼 질량이 없는 물질,
또는 중성미자처럼 질량이 있지만 매우 빠른 속도로 움직이는
물질이다(상대론적 물질이라고 하며, 온도가 높으면 물질의
속도가 빨라진다.). 그리고 다른 하나는 '비상대론적 물질(matter
또는 dust)'이다. 이는 앞서 말한 뉴턴의 사과처럼 질량이 있고
속도가 느린 물질이다. 이 두 종류의 물질은 '상태방정식'(압력
p와 에너지 밀도 ρ와의 관계식)으로 구분된다. 복사성 물질은
압력이 에너지 밀도의 1/3이고($p = \rho/3$), 비상대론적 물질은
압력이 0이다($p = 0$). 이런 물질의 상태방정식을 대입하고
아인슈타인 방정식을 풀면 그 해가 바로 우주의 기하를 나타내는
해가 된다.

복사성 물질 또는 비상대론적 물질로 구성되는 우주에는
정적인 해가 존재하지 않는다. 즉 우주는 시간에 따라 변한다.
이런 우주의 진화는 '스케일 팩터' a로 기술한다. 이것은 시간에
따라 공간이 늘어나거나 줄어드는 양상을 나타내는 요소이다.
예를 들어 두 점의 공간 좌표가 x_1과 x_2로 주어져 있으면, 두
지점 사이의 물리적인 길이는 $\ell = a|x_1 - x_2|$로 주어진다. 시간이
흐름에 따라 주어진 좌표는 변하지 않고, 스케일 팩터 a가 변하는
양으로 길이의 증가와 감소를 관장한다. 아인슈타인 방정식을
풀어보면 복사성 물질은 시간 t에 $a(t) \propto t^{1/2}$로 증가하는 우주를
주고, 비상대론적 물질은 $a(t) \propto t^{2/3}$로 증가하는 우주를 준다.
두 종류의 물질 모두 우주를 팽창하게 한다. 이로써 "우주는
팽창한다."라는 이론적 설명이 완성된다.

빅뱅 우주론

아인슈타인 방정식으로부터 물질의 에너지 밀도 ρ와
스케일 팩터 a 사이의 관계를 알 수 있다. 우주가 팽창한다는
것은 부피가 증가하는 것이므로 에너지가 유입되지 않는 한
우주의 에너지 밀도가 감소하리라고 우리는 예측할 수 있다.
복사성 물질과 비상대론적 물질 모두 에너지 밀도가 우주의
팽창함에 따라 감소하는데, 그 양상은 복사성 물질은 $\rho \propto 1/a^4$로,
비상대론적 물질은 $\rho \propto 1/a^3$로 그 감소하는 추이가 약간 다르다.
두 종류의 물질이 섞여있다면 우주가 팽창하며 스케일 팩터
a가 증가함에 따라 복사성 물질의 밀도가 더 급격히 감소한다.
과거로 거슬러 올라가면 a가 감소함에 따라 우주가 작아지며
복사성 물질이 더 급격히 우세해진다는 의미이다. 그 경계가
되는 시기는 우주가 생성된 후 약 4만 7000년, 우주의 온도가
약 1만K일 때이며, 이를 '물질-복사 평형 시점'(matter-radiation
equality time: t_{eq})이라고 부른다. 이 시점(t_{eq}) 이전을 '복사우세
시기'(Radiation-Dominated Epoch: RDE), 그 이후를 '물질우세
시기'(Matter-Dominated Epoch: MDE)라고 부른다.
　이로써 1920년대에 발견된 우주의 팽창을 기반으로 제안된
빅뱅 우주론은 $t = 0$초에 우주가 생성되어 팽창했으며, 복사우세
시기와 물질우세 시기를 거쳐 현재(t_0~138억 년)에 이르렀다고
말한다. 이 빅뱅 우주는 앞으로 소개할 인플레이션 우주와 가속
팽창 우주로 그 초기와 후기 진화가 보정된다. 이 둘을 소개하기
전에, 우주론에 있어서 빅뱅 모델의 성공적인 내용을 몇 가지
언급해 보자.
　빅뱅 우주론에 의하면 우주의 온도 T는 우주가 팽창함에 따라
스케일 팩터에 반비례하여 떨어진다, $T \propto 1/a$. 과거로
갈수록 온도가 높아져 고에너지 상태가 된다. 현대

지구상에 건설된 입자가속기 실험에서는 입자들을 가속시켜 그
에너지를 크게 하여 충돌시킴으로써 여러 입자 물리학적 현상을
재생한다. 우주는 과거에 고온의 상태였으므로 이런 고에너지
입자 물리학에서 예측하는 현상들이 자연스럽게 일어난다.
더욱이 현재 지구상에서 얻을 수 있는 에너지 스케일보다 훨씬
더 높은 에너지 스케일이 우주의 역사에 존재했다. 이로써
우주가 진화함에 따라 고에너지 물리학 현상들이 순차적으로
발생한다. 우주론적으로 중요한 단계를 적어보면 다음과 같다.

- $t \sim 10^{-35}$초~10^{16} GeV[1]: 대통일장 이론(Grand Unified
  Theories: GUTs—제시된 모델이 여럿이어서 복수로
  표기)에 의한 상전이가 일어나는 시기다. 강한 핵력, 약한
  핵력, 전자기력이 하나의 힘으로 통합되어 있다가 강한
  핵력이 나머지 둘로부터 분리되는 시기이다. 이론적으로
  예측된 모델로서 아직은 검증이 필요하다.
- $t \sim 10^{-12}$초~10^2 GeV: 전기약력 상전이가 일어나는
  시기며, 약한 핵력과 전자기력이 분리되는 시기다.
  1960년대에 이론이 제안되어 1979년 글래쇼,
  와인버그, 살람에게 노벨상을 안겨주었고, 1983년
  유럽 입자가속기센터CERN에서 실험적으로 발견에
  성공하였다.
- $t \sim 10^{-6}$초~1GeV: 쿼크와 그들 간의 강한
  상호작용(핵력)을 매개하던 글루온이 섞여있던 쿼크-
  글루온 플라즈마가 사라지고 양성자와 중성자가 형성되는
  시기이다. 양성자와 중성자는 쿼크 세 개로 구성되며
  '바리온baryon'이라고 부른다. 이들은 후에 수소, 헬륨
  등과 같은 천체를 구성하게 되는 기본 물질이다.

1 $1eV = 1.6 \times 10^{-19}$J에 해당하는 에너지이다.

- $t \sim 1$초~1MeV: 양성자와 중성자가 서로 변환하는 약한
  상호작용이 식어서 중성자 수가 고정되는 시기이다. 전자,
  양전자, 빛(광자: photon)과 상호작용 하며 열적 평형을
  이루던 중성미자가 '탈결합decoupling'하여 자유로워진다.

- $t = 3 \sim 20$분~ 0.1 MeV($\sim 10^9$K) 이하: 빅뱅 핵융합(Big
  Bang Nucleosynthesis, BBN)이 일어나는 시기이다. 중수소,
  헬륨, 리튬 등이 생성된다. 참고로 이때 생성된 헬륨은
  별 내부의 수소 핵융합으로부터 생성된 헬륨 총량보다
  훨씬 많다(BBN에서 생성된 헬륨은 현재 우주 물질의
  약 25%를 차지하는 반면, 별에서 생성된 헬륨은 1~2%
  정도이다.).

- $t = t_{eq} \sim 47{,}000$년: 물질-복사 평형 시점

- $t = 380{,}000$년~ 1eV(~ 3500K): 재결합 시기이다(t_{rec}
  로 표기한다.). 우주가 뜨거워 이온화된 플라즈마
  상태로 존재하던 양성자와 전자가 비로소 결합하여
  '중성 수소'를 생성한다. 그전에는 전자와 상호작용
  하며 열적 평형을 이루던 '빛photon'이 이 시기에
  탈결합하여 자유로워진다. 즉 전자와 계속 산란하여
  자유롭게 움직이지 못하던 빛이 비로소 막히지 않고
  우주를 자유롭게 여행하게 되고 이 빛이 현재 우리
  눈에 들어오게 된다. 그 이전의 빛은 우리가 볼 수 없고,
  이때의 빛이 우리가 볼 수 있는 가장 오래된 빛인데, 이는
  나중에 소개될 우주배경복사에 해당한다. 우리가 성능이
  좋은 망원경을 만들어 멀리 본다면, 관측이 가능한 가장
  멀리서 오는 빛이 바로 이 빛이다.

비로소 빛이 자유로워져서 우리 눈에 들어올 수
있으나, 이 빛 외에 다른 빛을 내는 천체가 이 시기에는

존재하지 않았다. 아직 별들이 생성되지 않았기에 그 이후 수억 년의 기간을 우주의 암흑시대라고 부른다. 그 이후에는 천체들이 생성되고 빅뱅 모델에 따른 물질우세 시기가 별 탈 없이 진행된다.

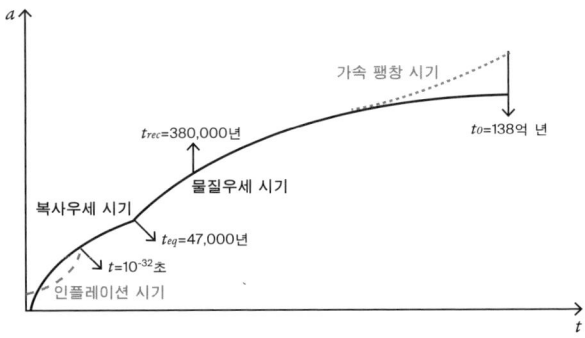

우주의 팽창과 우주 진화의 시기 분류. 빅뱅 우주론은 복사우세 시기와 물질우세 시기로 구성된다. 그 경계는 우주의 나이가 약 4만 7000년일 때이다. 빅뱅 우주의 문제점을 초기 인플레이션 우주가 도입되어 해결한다. 후기 우주는 관측 결과에 기반하여 가속 팽창하는 우주로 수정된다.

인플레이션

빅뱅 우주론은 앞 장에서 설명한 여러 시기의 물리적인 현상을 성공적으로 설명한다. 그러나 빅뱅 우주론에는 다음과 같은 몇 가지 문제점이 존재한다. 지평선 문제, 평탄성 문제, 밀도 섭동 문제, 자기 홀극 문제, 특이점 문제 등이 그것이다. 이런 문제점들을 풀어주는 가설이 1980년에 구스Alan Guth, 1947~에 의해 다음 논문을 통해 제안되었다. "The Inflationary Universe: A Possible Solution to the Horizon and Flatness Problems". 이를 '인플레이션' 가설이라고 부른다. 현대 우주론은 이 인플레이션 가설에 기초하여 연구가 진행되고 있다.

인플레이션 가설에서는 우주가 지수함수적으로 급속히 팽창한다($a(t) \propto e^{Ht}$). 이런 팽창을 일으키는 물질은 인플라톤 inflaton이라 불리며 상태방정식이 $p = -\rho$인 진공에너지 vacuum energy와 유사한 특성을 제공한다. 즉 음의 압력을 갖는 물질이다. 일반적인 물질은 양의 압력을 가지고 있으며, 압력으로 주변을 밀어내 팽창할 때 자신의 내부에너지는 감소한다. 그러나 진공에너지는 음의 압력을 갖고 있어 팽창하여 외부에 작용해도 내부에너지가 오히려 증가하며 에너지 밀도는 상수를 유지한다.

이 가설에 의하면 우주의 인플레이션적 급팽창은 $t = 10^{-35} \sim 10^{-32}$초 동안의 짧은 시기에 일어난다. 그러나 이 시기에 우주의 크기는 10^{-30}m에서 1mm로 약 $10^{27}(\sim e^{60})$배 커진다. 이로써 위에서 언급한 빅뱅 우주의 여러 문제점이 해결될 수 있다.

지평선 문제(horizon problem)

우주에서 정보를 전달하는 데는 시간이 걸린다. 가장 빠른 정보 전달의 수단은 빛일 것이다. 이 빛도 속도에 한계가 있으니 어느 순간 A 지점에서 낸 빛이 정보를 전달할 수 있는 범위는 유한하게 정해져 있다. 이 범위의 경계를 '지평선 horizon'이라고 부른다. 그 너머에는 A가 보낸 정보가 도달하지 않는다. 따라서 지평선은 그 너머로 서로 정보를 교환할 수 없는 높은 울타리와 같다고 볼 수 있다. 물론 시간이 흐르면 이 울타리의 내부 영역은 더 넓어진다. 또는 울타리가 더 확장된다고 표현할 수 있다. 이 영역이 넓어지는, 즉 지평선이 커지는 양상과 우주가 팽창하여 커지는 양상은 서로 같지 않다.

현재 보이는 우주가 하나의 지평선 안에 있다고 가정하자.
즉 현재 우주의 크기가 지평선의 크기와 같다. 과거로 거슬러
올라가면 우주와 지평선의 크기가 줄어드는데 지평선이 더 빨리
줄어든다. 빅뱅 우주론에 의하면 우주의 역사에서 지평선은
항상 우주보다 작았다. 따라서 어느 한순간을 보면 우주 안에는
여러 개의 지평선이 있다. 즉 우주는 정보가 차단된 여러 개의
울타리로 나누어져 있다.

다음 장에서 설명할 우주배경복사(Cosmic Microwave
Background radiation: CMB)는 $t = 380,000$년 탈결합했을 때
3500K에 해당했던 빛이 우주가 팽창함에 따라 식어 2.7K로
관측되는 현재의 빛이다. 이 관측 결과를 보면 우주의 모든
방향에서 2.7K의 빛이 균일하게 관측되고 그 차이는 10^{-5}K
정도밖에 되지 않는다. 그런데 $t = 380,000$년에는 지평선의
크기가 매우 작아서 우주가 지평선에 의해 약 10만 개의
영역으로 나누어져 있었다. 이렇게 서로 다른 영역으로부터
생성된 빛이 극도로 균일한 값을 보이는 것은 매우 이상한
현상이다.

그러나 인플레이션 시기에는 지평선의 진화 양상이
달라진다. 인플레이션 시기에 지평선의 크기는 변하지 않고
일정하다. 빅뱅 시기를 거슬러 올라가면 지평선과 우주의
크기는 작아지는데, 초기 인플레이션 시기에는 지평선의
크기가 일정하게 유지되는 반면 우주의 크기는 과거로 가며
지수함수적으로 급격히 작아진다. 그래서 지평선보다 훨씬 더
컸던 우주의 크기가 인플레이션 시기에는 지평선보다 작아진다.
이제 시간이 순방향으로 흐르는 우주의 진화를 생각하면,
인플레이션 초기에는 지평선보다 매우 작았던 우주가 시간의
흐름에 따라 지평선보다 커진 것이 된다. 즉 초기에는
우주가 한 울타리 안에 있었고 서로 정보를 원활히

교환했다는 의미다. 따라서 우주의 각 방향에서 오는 2.7K의
빛은 현재에 균일하게 관측될 수 있다. 이로써 지평선 문제가
해결된다.

평탄성 문제(flatness problem)

3차원 우주공간의 기하학적 구조는 평탄한 우주, 닫힌 우주,
열린 우주로 구분된다. 기하적인 3차원 구조는 시각화하기
어려우므로 2차원적으로 유추하여 설명해 보면, 평탄한 우주는
평면, 닫힌 우주는 구면, 열린 우주는 쌍곡면과 같은 것이다.
우주는 이 중 하나일 것인데 아직 어느 것인지 판명되지는
않았으나 관측 결과에 의하면 평탄한 우주에 매우 가까운 것으로
예측된다.
    그럼 '평탄성 문제'는 무엇인가? 일반 상대론에 의하면
물질이 기하를 결정한다고 설명했다. 즉 우주의 기하도 우주를
구성하는 물질의 밀도에 의해 결정된다. 빅뱅 우주에서 밀도는
우주가 팽창함에 따라 작아진다. 우주의 밀도가 특정 값과
같으면 우주의 기하는 평탄한 우주를 표명하고, 그보다 크면
닫힌 우주, 작으면 열린 우주가 된다. 이 특정 값을 '임계밀도(ρ_c)'
라고 부르며, 이 또한 시간에 따라 변하는 값으로서 현재 값은
$\rho_c(t_0) \approx 8.5 \times 10^{-27} \, \text{kg/m}^3$이다. 이것은 $1 \, \text{m}^3$에 수소 원자가
기껏해야 몇 개 있는 정도이다. 우주의 밀도와 임계밀도의
비를 '밀도계수density parameter'라고 부르며, $\Omega(t) \equiv \rho(t)/\rho_c(t)$로
기술한다. 역시 시간에 따라 변하는 값이다.
    문제는 우주의 밀도가 임계밀도와 조금만 차이가 있어도,
즉 Ω값이 1과 조금만 차이가 있어도, 그 차이는 시간에 따라
급격히 커진다는 것이다. 예를 들어 우주의 밀도가
임계밀도보다 조금 크면, 우주는 닫힌 우주로서 짧은

시간에 수축하게 된다. 그런데 최근 관측치로 분석한 값을 보면 약 140억 년의 역사를 갖는 우주의 밀도계수값은 $\Omega = 1.0007 \pm 0.0019$정도로 거의 1에 가깝다. 이 정도로 1에 가까운 값을 갖기 위해서는 우주 초기에 Ω값이 불과 10^{-60} 정도의 극소한 차이로 1에 가까워야 한다. 즉 초기 우주에 극단적인 미세조정 fine-tuning이 필요하며 이것은 자연스럽지 못하다.

그러나 인플레이션이 도입되면 이 시기에는 우주가 급팽창함에 따라 Ω값이 1에 급격히 접근하게 된다($|\Omega - 1| \propto 1/a^2$). 이 시기의 급팽창 정도가 앞에서 언급한 정도라면 현재의 평탄성을 설명할 수 있다. 이것을 직관적으로 설명하면, 풍선 위의 개미가 풍선의 굽은 곡률을 느끼다가 풍선이 급격한 팽창을 통해 엄청나게 커지면 평평해져 풍선의 곡률을 거의 느끼지 못하는 것과 같다. 이로써 평탄성 문제가 해결된다.

밀도 섭동 문제(density perturbation problem)

현재 우주는 별, 은하와 같은 천체들로 구성된 구조가 존재한다. 이런 구조가 형성되기 위해서는 초기 우주에 작은 '밀도 섭동(요동)'으로 인한 비균일한 물질 분포가 있어야 한다. 그러면 밀도가 높은 지역으로 물질이 중력적으로 모여들게 되어 이 밀도 요동은 구조 형성의 씨앗이 될 수 있다. 물질이 모여들며 밀도 요동 폭이 커지고 후에 은하와 같은 구조물이 생성된다.(이 시기 요동에 주로 모이는 물질이 후에 설명할 '암흑물질'이다.)

빅뱅 우주에서는 물질들이 균일하게 분포하고 그 종류에 따라 앞에서 언급한 복사우세 및 물질우세 시기와 같은 팽창을 한다. 특별한 이유가 없으면 균일한 물질 분포는 유지된다. 빅뱅 우주는 초기 비균일성을 자연스럽게 주지 못하고 임의로 존재하였다고 가정할 수밖에 없다.

그러나 인플레이션 시기에는 인플라톤에 존재하는 양자 요동quantum fluctuation에 의해 밀도 요동이 발생한다. 양자 요동은 인플라톤과 같은 고에너지 상태에 있는 양자장의 불확정성 때문에 자연스럽게 생성된다. 이 요동이 우주의 진화에 따라 커지면서 물질들이 모여 우주 구조 형성의 씨앗이 된다. 이때 생성된 밀도 요동이 진화해 빛의 탈결합 시기인 $t = 380,000$년 우주배경복사에 온도 요동으로 관측된다. 앞에서 이미 언급한 바와 같이 우주배경복사는 현재 2.7K 복사파로 관측이 된다. 여기에 약 10^{-5}K 차이로 관측되는 온도 요동이 바로 인플레이션 시기에 생성된 요동의 결과물이다. 주변보다 밀도가 높은 곳에서 나오는 빛은 주변보다 더 긴 파장 쪽으로 치우쳐 보인다. 따라서 주변보다 온도가 조금 낮게 측정된다. 이것은 일반 상대론적 효과로서 '중력 적색편이'라고 부른다. 이로써 밀도 섭동 문제가 해결된다.

우주배경복사 관측을 위해 총 3개의 우주 망원경 프로젝트가 추진되었다.

(1) COBE(Cosmic Background Explorer: 1989-1993)
    미국 NASA에서 추진된 프로젝트로, 최초로 CMB 스펙트럼을 정밀 측정하였으며 온도 요동을 최초로 발견하였다.

(2) WMAP(Wilkinson Microwave Anisotropy Probe: 2001-2010)
    미국 NASA에서 추진된 프로젝트로 CMB 온도 요동의 스펙트럼을 고해상도로 측정하였으며 우주의 나이, 우주 구성 물질의 비율, 우주의 평탄성 등을 정밀 추정하였고, 우주론의 표준모형 정립에 크게 기여하였다.

(3) Planck(2009–2013)

유럽우주국 ESA에서 추진된 프로젝트로 가장 정밀한
CMB 지도를 제공하였고 편광까지 관측하였다. 스펙트럼
관측으로부터 인플레이션을 지지하는 결과를 얻었다.
이 외에도 우주의 평탄성을 정밀 관측하는 등 WMAP의
관측 결과를 더욱 향상했다.

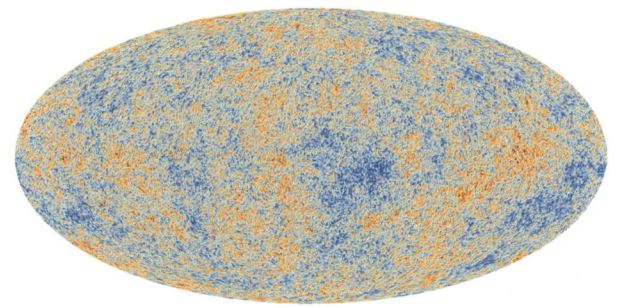

Planck 위성이 관측한 우주배경복사 이미지. 2.7K 복사파를 관측한 것으로 10^{-5} K
정도의 온도 요동을 푸른색과 붉은색으로 표시하고 있다. 푸른 부분이 온도가 조금 더
낮은(밀도가 조금 더 높은) 곳이다. ⓒ European Space Agency(esa.int)

자기 홀극 문제(magnetic monopole problem)

앞에서 언급한 대통일장 이론 모델 대부분은 대칭 깨짐이
일어날 때($t \sim 10^{-35}$초~10^{16}GeV) '자기 홀극'이 생성된다고
예측한다. 전기는 양(+) 전하와 음(−) 전하가 따로 홀극으로
존재할 수 있다. 우리가 살고 있는 저에너지 상태에서 자기는
N극과 S극이 분리되지 않고 항상 쌍극으로 존재한다. 고에너지
이론에서는 자기 홀극이 이론적으로 가능하지만, 우주에서
발견되지 않고 있다. 이를 해결하기 위해 구스의
인플레이션 모델은 인플레이션 시작 시기를 대통일장

이론 대칭 깨짐이 일어나는 $t \sim 10^{-35}$초로 잡는다. 이때 생성되는 다량의 자기 홀극은 인플레이션 과정을 겪으면서 밀도가 급격히 줄어들게 된다. 그 이유는 자기 홀극은 비상대론적 물질처럼 우주의 부피가 증가하면 그 밀도가 부피에 반비례해서 줄어드는 반면($\propto 1/a^3$), 이 시기 우주를 지배하는 인플라톤은 진공에너지의 특성으로 밀도가 일정하게 유지되기 때문에 자기 홀극이 상대적으로 매우 희박해진다. 이에 자기 홀극이 우주에 존재는 하지만 발견되기에는 그 밀도가 매우 낮아진다. 이로써 자기 홀극 문제가 해결되며, 지금도 자기 홀극을 탐색하는 연구는 우주의 관측으로부터 계속 진행 중이다.

특이점 문제(singularity problem)

빅뱅 이론에서 우주는 $t = 0$초에 크기가 0인 점에서 시작하여 팽창한다. 그렇다면 이 시기의 우주는 모든 에너지가 한 점에 모여 에너지 밀도와 시공간의 곡률이 무한대인 상태가 된다. 이것은 일반 상대론에 기반한 프리드만 방정식이 주는 해일 뿐, 실제로 그 상태는 일반 상대론이 적용되지 않고 양자 중력 효과가 적용되는 영역이다. 아직은 양자 중력 이론이 잘 수립되지 않았지만, 일반 상대론이 기술할 수 없는 영역임은 명백하다. 특히 $t_{\mathrm{P}} = 5.39 \times 10^{-44}$초를 '플랑크 시간'이라 하며, 이 시간보다 작은 시간은 물리학적으로 접근 불가능한 것으로 여겨지고 있다. 이 시간대에 접근하기 위해서는 불확정성의 원리에 의해 필요한 에너지가 시공간을 붕괴시킬 정도로 너무 커지며, 양자 중력 이론에 의하면 시공간의 연속성 자체도 의문시되는 영역이다. 즉 특이점은 그 존재가 의문시되며 일반 상대론을 적용해 우주를 풀 때 나타나는 현상일 뿐인 것으로 여겨지고 있다.

인플레이션이 도입되어도 특이점 문제는 딱히 해결되지 않는다. 다만 인플레이션의 초기 모델들에서는 그 시점을 GUT 대칭 깨짐이 일어나는 $t \sim 10^{-35}$초로 보고, 그 이전은 빅뱅 우주의 복사우세 시기로 가정했으나, 즉 인플레이션 시기가 복사우세 시기 초반부에 끼어있는 것으로 가정했으나, 후기 모델들에서는 더 이상 인플레이션의 시점을 논하지 않는 경향이 있다.

지금까지 빅뱅 우주론의 문제점을 해결할 수 있는 초기 우주의 인플레이션 우주론에 대해 살펴보았다. 빅뱅 우주의 모델은 하나라고 할 수 있지만, 인플레이션 우주의 모델은 백 수십 개에 달한다. 그것은 기반이 되는 중력이론과 양자장론의 모델에 따라 인플레이션을 설명하려는 모델들이 제시되었기 때문이다. 이들은 관측에 의해 그 타당성이 규명될 것이며, Planck 관측 결과로 대부분이 제외되고 현재는 수 개만이 타당한 모델로 남아있다. 많은 이론 우주론자들이 지금도 새롭고 더 완벽한 모델을 개발하려 노력하고 있으며, 현대 우주론 연구의 주요 주제로 자리 잡고 있다. 향후 계획된 관측 프로젝트 등을 통해 인플레이션의 타당성 여부가 판별되리라 기대한다.

가속 팽창하는 우주와 암흑에너지

1980년 인플레이션 가설이 도입된 후로 우주는 인플레이션 시기, 복사우세 시기, 물질우세 시기로 분류되는 것으로 받아들여졌다. 그러다 1998년 획기적인 발견이 이루어져 우주 진화의 역사에 큰 변화가 생긴다. 바로 가속 팽창하는 우주이다.

기존의 빅뱅 우주론에 의하면 현재의 우주는 물질우세 시기에 해당하며, 우주는 팽창하지만 그 팽창 속도가 점점 줄어드는, 감속 팽창하는 우주를 표방한다.

그러나 펄머터 Saul Perlmutter와 리스 Adam Riess가 이끄는 두 그룹의
Ia형 초신성 관측 결과로부터 우주의 팽창이 후반부에서 가속
팽창을 하고 있음을 밝혀냈다. Ia형 초신성은 백색왜성이
동반성으로부터 수소 가스를 끌어들여 그 질량이 태양질량의
1.4배가 넘는 순간 폭발하는 초신성으로서, 폭발 순간의 질량이
일정하여 폭발 광도가 일정하다고 알려져 있다. 따라서 이것은
우주에서 거리를 측정하는 '표준 광원'으로 활용된다. 이렇게
구한 초신성까지의 거리와 스펙트럼 관측으로부터 구한
초신성의 후퇴(팽창) 속도를 두 그룹이 연구하여 우주의 팽창이
후반부에는 가속하고 있음을 밝혀냈다. 이 관측 결과에 의하면
우주의 나이가 현재의 절반이 지난 얼마 후(우주의 나이가 약
75억 년쯤 되었을 때) 우주가 감속 팽창에서 가속 팽창으로
전환한 것으로 알려져 있다.

　　그럼, 가속 팽창을 일으키는 물질은 무엇인가? 그 실체는
아직 알려지지 않아 이를 '암흑에너지 Dark Energy'라고
부른다. 암흑에너지가 어떤 물질인지는 모르지만, 그 성질은
인플레이션에서 언급한 것과 비슷한, 압력이 에너지 밀도와
반대의 부호를 갖는 물질이다. 즉 상태방정식 $p = w\rho$에서 계수인
w값이 음수인 물질이다. $w < -1/3$이면 가속 팽창이 가능하다.
특히 $w = -1$이면 이 물질을 '우주상수 cosmological constant'라고
부르며 인플레이션에서 진공에너지와 같은 특성을 갖는
물질이다. 이 w값이 연구 초기에는 −1과 매우 근사한 것으로
보여 우주상수일 가능성으로 학계의 주목을 받았으나, 계속되는
관측 결과로 그 가능성이 최근 의심되고 있는 상태이다.

　　우주상수에 대해 좀 더 설명하면, 이것은 아인슈타인이 그의
방정식에 도입한 것이다. 일반 상대론이 발표된 시기에는 아직
우주가 팽창하고 있다는 사실이 알려지지 않았다.
그러나 앞에서 언급한 대로 우주의 물질을 아인슈타인

방정식에 대입하면 그 해는 팽창하는 우주를 표방한다. 이에
아인슈타인은 우주상수를 포함하는 항을 방정식에 추가함으로써
팽창하지 않는 '정상 우주 static universe'를 만들어냈다. 후에
우주가 팽창함이 알려지고 아인슈타인은 이 우주상수를 "일생의
가장 큰 실수(the greatest mistake in my life)"라고 말하게 된다.
현대에 우주가 가속 팽창하는 것이 알려지고 이 우주상수가
암흑에너지의 유력한 후보로 떠오르자, 현대 학자들은
"아인슈타인은 실수마저도 위대하다."라고 농담하기도 한다.

가속 팽창하는 우주가 발견되고, 암흑에너지를 설명하기
위해 '제5원소 quintessence' 모델을 비롯해 백여 개가 넘는 다양한
이론적 모델들이 제안되었다. 그 흥미로운 이름을 나열해 보면
다음과 같다. phantom energy, tachyon field, chameleon field,
ghost field, holographic dark energy, chaplygin gas 등. 이들은 가속
팽창하는 우주를 물리적으로 타당해 보이는 물질을 도입하여
설명하거나, 일반 상대론이 아닌 변형된 중력 modified gravity
이론으로 설명하려 시도한다. 이 중 어느 모델이 맞는지, 또는
어떤 새로운 모델이 가속 팽창하는 우주를 완전히 설명하는지를
판명하는 데는 앞으로도 많은 시간이 소요될 것으로 보인다.
이에 암흑에너지와 관련된 우주론은 향후 이 분야에 지속적인
뜨거운 이슈로 남아있을 것이다.

암흑물질

암흑물질 Dark Matter은 암흑에너지보다 훨씬 더 전에
제안되었다. 암흑이라는 의미는 보이지 않는다는 것이며 단지
시각뿐 아니라 다른 방법으로도 관측이 어려운 물질이란 의미를
내포한다. 암흑물질은 1933년 천문학자인 츠비키 Fritz
Zwicky에 의해 제안되었다. 그는 은하단 내의 은하들이

58

중력적으로 묶여있기 위해서는 질량이 충분히 커야 하는데,
빛을 내는 관측된 물질만으로는 그 질량이 충분하지 못하다고
주장했다missing mass problem. 이에 빛을 내지 않아 보이지 않는
암흑물질의 존재를 제안했다. 그리고 그 양은 빛을 내는
물질보다도 훨씬 많아야 한다고 주장했다.

　암흑물질은 큰 주목을 받지 못하다가 1970년대에 다시
대두되었다. 루빈Vera Rubin과 포드Kent Ford는 나선은하 내 별들의
회전속도를 정밀하게 측정하여 은하 외곽에서도 회전속도가
감소하지 않는 것을 확인했고, 암흑물질의 존재 가능성을 강하게
지지하게 된다. 은하 내의 별들은 은하 중심을 회전하는데,
은하 중심핵 부분에는 많은 천체가 밀집하고 있어 마치 강체
원판과 같이 회전하여 바깥쪽으로 갈수록 회전속도가 증가한다.
중심부 바깥에는 천체의 밀도가 작아져서 태양계에서 행성들이
회전하는 것과 같이 케플러법칙에 의해 바깥쪽으로 갈수록
회전속도가 감소한다고 믿고 있었다. 그러나 루빈과 포드의 관측
결과 바깥쪽에서도 회전속도가 떨어지지 않는 것이 밝혀졌다.
이것으로 은하에는 눈에 보이는 천체 외에 다른 질량들이
분포하고 있다고 추정되었으며, 그것은 바로 츠비키가 예견한
암흑물질일 수 있다고 생각되었다. 이에 학계에 암흑물질의
존재가 좀 더 견고히 자리 잡게 된다.

　암흑물질을 탐색하는 것은 매우 어렵다. 그 이유는 암흑물질은
다른 물질과 중력적으로만 상호작용을 하기 때문이다. 전자기력
또는 핵력이 작용하지 않기 때문에 상호작용을 통해 탐색하기
힘들다.

　이후 암흑물질은 초기 우주 밀도 섭동에서 중요한 작용을
한다는 것이 알려진다. 앞에서 CMB는 우주의 온도가
3,500K에서 중성 수소가 생성되며, 빛(광자)이 수소와
같은 주변 물질(바리온)과 탈결합할 때를 반영한다고

했다. 이것은 10만분의 1 정도의 온도(밀도) 요동이 있음을
암시하고 밀도가 더 높은 부분에 주변 물질이 모여 나중에
은하나 별과 같은 구조로 발전한다고 했다. 이 시기 이전에는
빛이 바리온 플라즈마와 강하게 결합하고 있다. 이에 바리온
물질이 밀도가 높은 부분에 모여들면 광자의 압력이 커져
밀쳐내어 바리온 밀도가 증가하는 것을 방해한다. 또한 바리온은
밀쳐지면 광자압이 줄어들어 다시 모여드는 과정을 반복한다.
이것을 바리온의 '음향 진동 acoustic oscillation'이라고 부르며,
CMB에는 이런 음향 진동의 패턴이 관측된다. 빛이 탈결합할
때까지는 바리온에 의한 밀도 섭동의 진폭은 증가하지 않는다.
따라서 이 시기에 관측된 10만분의 1 정도의 밀도 요동의 크기를
바리온 물질은 설명할 수 없다.

그렇다면 무엇이 이 크기의 요동을 만들었다고 설명할 수
있나? 그것이 바로 암흑물질이다. 암흑물질은 광자의 압력에
영향을 받지 않고 중력적으로만 작용하므로, 빛의 탈결합 시기
이전에도 밀도가 높은 부분에 모일 수 있고, 이곳의 밀도가
증가하여 탈결합 시기에 관측되는 요동의 크기를 설명할
수 있다. 후에 이곳에 은하와 같은 구조체가 생성된다. 만약
암흑물질이 없었다면 CMB에 반영된 섭동의 크기가 현저히
낮았을 것이며, 그 후에 바리온 물질만으로 섭동이 증가했다면
별과 은하는 우주의 역사에서 훨씬 후에 생성되었을 것이며,
지구에 생명체도 아직 생성되지 않았을 수 있다. 이로써 초기
밀도 섭동과 CMB 관측 결과는 암흑물질의 존재를 강하게
요구한다.

암흑물질 존재의 또 다른 최근 증거는 '중력 렌즈' 효과이다.
일반 상대론에 의하면 천체 옆을 통과하는 빛은 주변의 곡률
때문에 휘어진다. 블랙홀, 중성자별들과 같이 밀도가
높은 천체일수록 이 효과는 커지며 별이나 은하와

같은 천체도 중력 렌즈 효과를 줄 수 있다. 이 효과로 이런 천체
뒤에 위치한 광원(별이나 은하)은 지구에서 관측할 때 이 천체
주변에 원호 모양의 이미지를 형성한다. 천체가 완벽한 구형이고
광원-천체-지구가 일직선상에 있다면, 중력 렌즈에 의한
이미지는 완전한 원형으로 보이며 이것을 '아인슈타인 반지'라고
부른다. 2000년대 초반 허블 우주 망원경으로 관측한 아벨
은하단 Abell 1689에 원호 모양의 중력 렌즈 현상들이 관측되는데,
광원과 지구 사이에서 렌즈 효과를 주는 중간 천체를 찾을 수
없는 경우가 관측되고 있다. 이에 그 원인을 질량 큰 암흑물질
덩어리로 예측한다. 이는 암흑물질 존재의 강력한 증거로
여겨지고 있다.

　　이렇듯 현대 우주론에서 암흑물질의 존재는 불가피한 것으로
받아들여지고 있다. 암흑물질의 본질이 무엇인가는 지금도
계속 연구 중이며 입자물리학자들에 의해 주로 수행되고 있다.
액시온 axion과 같은 가벼운 입자를 암흑물질의 강력한 후보로
탐색 중이거나, WIMP(Weakly Interacting Massive Particle)와
같이 상호작용을 약하게 하는 질량이 상당한 입자를 제안하며
탐색 중이지만, 아직 발견되지 않고 있다. 암흑물질은 우주론의
뜨거운 주제로서 향후 규명을 위해 많은 연구가 이루어질 것이다.

　　우주의 구성 물질은 종류에 따라 그 진화 양상이 다를 수
있다. WMAP이나 Planck 등의 관측 결과로부터 현재 시점에서
우주를 구성하는 물질의 비율을 살펴보면 다음과 같다. 우리가
알고 있는 수소, 헬륨과 같은 바리온 물질과 전자, 중성미자와
같은 물질은 전체의 약 5% 정도이다. 암흑물질은 약 25%,
암흑에너지는 약 70%로 구성되었다고 알려져 있다(물질의 진화
양상이 다르므로 과거의 구성 비율은 이와 다르다.). 이로써
우리가 알고 있는 물질은 '현재 우주'의 불과 5%
정도밖에 되지 않고, 이 광활한 우주를 채우고 있는

대부분의 물질은 미지의 암흑물질과 암흑에너지이다. 이들에 대한 연구가 현대 우주론의 뜨거운 주제가 되는 것은 매우 당연한 일일 것이다.

이 글에서는 우주의 진화를 설명하고 그와 관련된 현대 우주론의 쟁점들을 소개하였다. 우주의 진화는 일반 상대론을 기반으로 하는 빅뱅 우주를 기본으로 하고 있다. 극초기 우주에 급속 팽창하는 인플레이션 우주는 이를 뒷받침하고, 빅뱅 우주론의 여러 문제점을 해결해 주었다. 인플레이션 우주는 매우 아름다운 가설로서 현대 우주론에서는 이를 규명하기 위해 많은 연구가 진행되고 있다. 후기 우주에 있어선 가속 팽창하는 우주가 관측 결과를 기반으로 제시되었고, 기존의 빅뱅 우주론을 수정했다. 그 원인이 되는 암흑에너지는 본질의 규명이 지금까지는 요원하며, 앞으로도 수십 년간 우주론의 뜨거운 주제가 될 것이다. 한편 현재 우주의 25%가량을 차지하는 암흑물질은 여러 현상에서 그 존재의 필요성이 요구되고 있다. 연구자들은 오랫동안 암흑물질의 존재를 규명하기 위해 노력해 왔고 현재에도 많은 연구를 진행하고 있다.

45년, 27년, 55~92년. 이 기간은 각각 인플레이션 우주, 암흑에너지, 암흑물질 개념이 창시되어 연구된 기간이다. 이토록 긴 시간 동안 연구된 주제가 지금까지도 풀리지 않은 문제로서 현대 우주론의 가장 뜨거운 이슈인 것을 생각하면, 우주의 원리를 알아내는 것이 얼마나 어렵고 힘든 일인가를 짐작할 수 있다. 또한 앞으로 어떤 심오한 이슈가 새로 떠오를지도 매우 흥미롭다.

나는 우주를
이렇게 쓸 것이다

박하신

박하신

소설가. 제1회 문학수첩 신인작가상, 노근리평화문학상을
수상했다. 소설집 『여기까지 한 시절이라 부르자』를
펴냈고, 다원예술 활동으로 'NARRAT' 전시를 진행했다.
'Hotspot Basecamp', '몸들의 땅, 미지의 신화',
'Artialism' 등의 전시에 협업해 인공사물과 데이터들의
텍스트를 디자인했다. 현재는 인류세를 표현하는 문학의
양상에 관심을 가지고 문예창작 박사 과정을 밟고 있으며,
한국작가회의 기후생태위원 · 소설분과위원으로 활동하고
있다.

내가 처음 지면에 발표한 소설은 「포물선」이란 작품이다. 우주선 발사를 앞둔 항공우주센터를 배경으로, 무료한 계약직 노동자와 불법체류 중인 외국인 노동자 사이에 벌어지는 사건을 다룬 작품이었다. 지금 돌이켜보면 다소 황당무계한 작품이지만 해당 소설로 작품 활동을 시작할 수 있었으니, 나름대로 의미가 각별한 작품이다. 당시 발표를 두고 고민했던 또 다른 소설은 「천체물리학 궤도상의 사랑 좌표」라는 작품이었는데, 요약하자면 괴짜(요새 말로 '너드남') 천체물리학과 대학생이 사랑이란 감정을 중심으로 짐짓 뚱한 표정을 지으며 고뇌하는 일종의 연애담이었다. 발표에서는 비록 후순위로 밀려나긴 했지만, 추후 두 작품은 나란히 내 첫 소설집에 실리게 되었다. 각각 첫 번째, 두 번째 작품으로 수록되다 보니 책의 첫인상을 좌우하는 모양새가 되었는데, 의도한 건 아니었으나 어쨌건 나는 우주를 둘러싼 두 편의 이야기로 첫 소설집을 열게 된 것이다.

그런데 우주를 둘러싼 이야기라고 말해보니 낯설다. 그 소설들을 우주에 관한 이야기라고 생각해 본 적이 없기 때문이다. 과거에 내 소설을 읽은 모 동료 소설가는 말했다.

"SF 어워드에 내보지 그랬어요?"

"네? 이건 SF가 아닌걸요?"

"이거 SF 아니에요?"

"네."

"네?"

"네?"

그런데 이 대화 이후 과연 생각해 보니 SF는 아닐 게 또 뭐람? 하는 생각이 들었던 것인데, 아무렴 우주선도 나오고 천체물리학(의 이름만 빌린 무엇)도 나오는데, 필요에 따라서 SF라고 조금 우겨볼 수 있겠구나 싶었던 것이다—물론 SF를 둘러싼 다양한 장르 논의가 있겠지만 그것은

차치한 이야기다. 어쨌건 나의 자각이 거기까지 미치지 않은
것은, 당시 내가 소설로 과학적인 무언가를 이야기하고
싶었다기보다는 과학적 사실에 빗댄 어떤 마음을 말하고
싶었기 때문이다. 그러니까 내가 말하고 싶었던 건 어쩌면 우주
자체라기보다는 우주에 대한 어떤 마음인 것 같다. 그런데
우주에 대한 마음이란 건 무엇일까? 그보다, 애초에 우리는 왜
우주에 마음을 쓰는 걸까?

　나 같은 인간은 그 이유를 눕기에서 찾는다. 나는 대개
누워있는 걸 좋아하는데, 어느 정도냐면 누워있는 것을
기본 상태라고 생각하고 용무가 있을 때 어쩔 수 없이 잠깐
일어난다고 생각하는 식이다. 어느 날은 누워있다가 문득 우주에
대해 생각하게 됐다. 아주 자연스러운 수순이었다. 누우면,
하늘을 올려다보게 되고, 보면 생각하게 된다. 그러니까 하루
중 가장 편안한 자세로 저 너머를 생각해 보는 것이다. 저 위엔
무엇이 있을까?

　그러니까 이 글은 누워서 시작한다. 사람이 눕는 게 편안한
이유는 당연히 중력 때문이다. 연직 아래로 우리를 지그시
끌어당기는 힘이 우리를 침대로, 소파로, 리클라이너로 그리고
잠으로 인도한다. 내게 작용하는 일정하고도 부드러운 힘.
그것에 거스름 없이 순응한다는 것은 평온한 일이다. 생산성은
이 평화 속에서 발아한다. 이는 벤치 프레스를 뽑아 올리면서
소설을 쓰는 작가가 존재하지 않는다는 점에서 명백하다. 우리는
중력의 부드러운 유속에 몸을 맡겼을 때 비로소 상상 속을
유영할 수 있는 것이다.

　느슨하고도 자기 본위적인 생각이지만, 어쩌면
인류는(적어도 내 조상들은) 이런 식으로 우주를 상상하고
　　　　고찰했을지도 모른다. 그리고 그것에 어떤 의미를
　　　　부여하고 읽어냈을 것이다. 내 생각에 우주는 쓸데없이

넓다. 광막한 우주를 상상하다 보면 불현듯 나란 존재가 굉장히 극소해 보인다. 그러나 동시에 그 쓸데없이 넓은 여백과 아득한 거리감 탓에 우리의 상상력이 개입한다. 나는 인간에게 공백을 견딜 수 없어 하는 사유적 관습이 존재한다고 믿는다.

　　과거 바빌로니아인들은 우주를 올려다보며 신들의 메시지를 해석하고자 노력했고, 고대 이집트인들은 우주의 순환을 관찰하며 그것으로부터 시간과 영혼의 여정을 읽어냈다. 이 시기에 종교나 신앙은 과학과 분리되지 않았던 것 같아 낭만적이다(비록 지금은 서로 못 잡아먹어서 안달인 것 같지만.).

바빌로니아 유물 '샤마쉬 석판'. 태양을 의인화한 신 샤마쉬(Shamash)가 천체의 상징들 아래에 앉아있다. 샤마쉬는 태양의 운행을 통해 우주의 질서와 정의를 관장하는 신이었다. ⓒ Natritmeyer

오늘날까지도 우주라는 공간에 우리가 특정한 믿음이나 상상력을 투영하고 있음은 물론이다. 이는 일론 머스크가 '스페이스X'를 통해 우주라는 공간을 어떻게 전유하고 있는지만 봐도 알 수 있다. 자본주의의 화신처럼 보이는 그는 우주를 가리키며 우리의 미래가 바로 거기 있다고 천명한다. 미래는 우주에 있다. 그렇기에 우주는 미래다. 왜냐하면 미래가 우주에 있기 때문이다…. 이럴 때 머스크는 인류가 아직 부족민이던 시절의 주술사와 겹쳐 보인다. 우주를 향한 그의 개발주의적이고 팽창주의적인 언설에는 확실히 현대인의 비전, 또는 이념 같은 게 투사되고 있다. 비록 그 미래에 우리 삶의 모습이 얼마나 나아질지는 재고해 봐야겠지만 말이다.

우주를 둘러싼 상상과 이념은 우리의 현실에 분명히 작용한다('스페이스X'의 짜릿한 주식 차트를 상상해 봐라!). 우주는 물리적 시공간임과 동시에 그것을 둘러싼 신념과 믿음이며, 그것이 삶에 끼치는 영향력의 총체다. 상징적인 것과 상상적인 것, 그리고 미지적인 것의 종합이다. 즉 그것은 다층적 현실인 것이다. 특히나 모든 이분법과 고정화를 촌스럽게 여기는 요즘 같은 시대에는 말이다. 물질과 비물질, 주체와 객체, 자연과 문화, 언어와 세계….

그렇기에 우주를 둘러싼 담론은 시대에 따라 계속하여 내용과 형식을 달리해 왔다. 이 흐름에 무엇보다 우주를 향한 인간의 통상 감각이 작용했을 것이다. 먼 미래에 우리가 우주를 감각하는 사정은 전혀 다를지도 모른다. 그러니까 SF에서처럼 우주를 접었다 폈다, 구멍을 뚫었다 메꿨다 하는 날이 온다면, 그래서 누구나 우주를 경부고속도로나 드넓은 유휴지쯤으로 여기고 외행성을 휴가철 피서지 정도로 생각할 수준이 된다면 말이다. 그 미래에 『우주 담론』이란 책이 하나 더 출간된다면 그것은 과학철학이나 인문학

도서가 아니라 실용 서적이 될지도 모른다. 또는 라이트한
산문집—우주를 산책하며 느낀 감성 에세이….

당연히 그 시점까지 갈 길은 멀었고, 가능할는지도
모른다(여기서 내가 그런 가능성에 대해 괜히 지레짐작한다면
이공학과 천문학에 능통한 수많은 사람을 분노하게 할
것이다.). 다만 현재 위키피디아—나의 또 다른 우주에 따르면
FAI(국제항공연맹)가 우주의 경계로 설정한 카르만 라인(고도
$100km$)을 기준으로 지금까지 우주에 진입해 본 사람은
682명이다. 인류가 직접 발을 내디뎌 본 유일한 천체는 달인데,
그곳에 착륙한 사람으로 한정하면 그 숫자는 줄어들어 12명밖에
되지 않는다(총 여섯 차례 탐사가 이뤄졌고, 그 탐사에서마저도
매번 한 명씩은 우주선에 남았다. 남은 이들의 직책은 모두
커맨드 모듈 파일럿이었다. 가엾은 조종사들….). 요즘엔 민간
우주 관광이 이뤄지며 부자들에겐 한 번씩 대기권 어디쯤을
지나며 창밖을 둘러보는 취미도 생긴 모양이지만, 그 외에는
극소수의 사람들이 둥실둥실 무중력 체험이나 몇 분하고 둥근
지구를 배경으로 인스타그램 사진이나 몇 장 남겨 오는 수준이라
우주 체험의 폭이 넓어졌다기엔 조금 민망하다.

이처럼 우주에 대한 물리적 접근성은 인류의 규모에
비하자면 무척이나 제한적이다. 굳이 통계를 찾아보지 않아도
주변에서 우주에 다녀온 사람이 있는지 살펴보면 누구나 알
수 있는 사실이다. 관련 정보를 찾아보던 중 '블루 오리진Blue
Origin'사의 준궤도 관광 상품인 'New Shepard'의 실제 우주 체류
시간이 5분에 불과하다는 데 놀랐다. 그리고 그 5분을 위해
무려 20만 달러를 지불해야 한다는 사실에 두 번 놀랐다(사실
가장 놀란 건 그런 사람들이 몇 년 치 예약 대기자 명단을 꼭꼭
채우며 실재한다는 것이다….). 지구의 둘레를 잠시
두 눈에 담기 위해 한화 3억 원 가까이 되는 비용을

치른다는 건 내게 우주보다도 더 먼 무엇이다. 그리고 경탄하여
누군가에게 이를 알려주자, 그는 유명한 '짤'이라며 내게 사진 한
장을 보내왔다. 뉴스 방송국 YTN의 보도 화면이었다. 대략 이런
내용이었다.

> 결혼에 드는 비용: 2억 7천만 원 > 우주여행 비용: 2억 5천만 원

미혼인 나로서는 다소간 침울해질 수밖에 없는 내용이었다.
위 사진을 전송한 지인은 덧붙였다.

"요즘엔 스페이스 웨딩도 있어."

미국의 우주 관광 회사 '스페이스 퍼스펙티브'는 2026년
운항을 목표로 해당 상품을 개발 중이다. 지인은 내년 5월
결혼을 목표로 배우자와 혼신의 이인삼각 달리기 중이었는데,
별의별 걸 다 찾아본 모양이었다. 역시 우주란 다층적 현실이다.
결혼도 현실이니까….

뉴스 화면은 단순히 비용적 측면에 한정해 결혼과
우주여행을 비교한 것이었지만 이런 질문이 남았다. 그렇담
결혼도 우주만큼이나 멀리 떨어져 있는 걸까? 아마 그렇진 않을
것이다. 자본주의의 화신이자 금세기의 스페이스 카우보이인
일론 머스크조차도 말이다(그는 결혼을 세 번 했지만, 아직
우주에는 가본 적이 없다.). 우리는 누구나 살면서 한 번쯤
결혼을 생각하고 상상한다. 그것의 가치와 의미를 헤아린다.
혹자의 삶에는 치열하게 침투하기도 한다. 아무렴 우주여행보단
결혼을 더 많이 한다. 이는 현실 기술 조건의 문제임과 동시에
결혼이란 사회 관습이 우리의 문화와 제도에 맞닿아 있는 양상과
관계된다. 그 안에서 우리는 결혼이란 것을 우리의
현실이라고 파악한다. 우주 역시 현실이다. 그러나

결혼만큼 가깝지 않을 뿐이다. 어쩌면 가까운 미래에 우주여행은
결혼보다 더 가까이 우리 삶에 다가올지도 모른다. 우주가
나에게 거리를 좁혀오는 것과 결혼이 내게서 멀어져 가는 걸
생각한다면….

과연 인류와 우주 사이의 거리는 좁혀지고 있다. 지금, 이
시각에도 우주는 늘 우리 곁에 있다. 과거의 우주가 신들이
운행하는 섭리나 그들이 은거하는 어떤 무한한 공간에
가까웠다면, 현재의 우주는 지상에 내려와 손안의 핸드폰부터
각종 통신 및 전자기기에 이르기까지 어떤 방식으로든 실제
삶에 직간접적으로 관여하고 있다. 핸드폰을 들어 SNS 게시물에
'좋아요'를 누를 때조차 그것에 위성통신이 관여한다는 것쯤은
이제 누구나 안다. 말하자면 우주는 지상과 신들 사이의
거리에서, 나와 핸드폰 속 SNS 셀럽 사이의 거리 정도로
가까워졌달까.

그렇기에 고대 바빌로니아인과 대한민국 박하신이 누워서
우주를 그리는 방식은 다를 것이다. 따라서 우주를 향한 우리의
상상력이 어떻게 변화해 왔는지, 그리고 그것이 문화적으로
어떻게 표현되어 왔는지를 톺아보는 것은 우리가 발 딛고 선
현실이 어떻게 변화해 왔는지, 그리고 그것이 우리의 감각을
어떻게 변화시켜 왔는지 추적하는 과정과 유관하다.

과거 길가메시 서사시나 그리스신화에서 우주는
인간계로부터 분리된 초월적 공간이었다. 가령 신들이 가엾게
여긴 오리온 같은 거인은 죽어서 천상의 별자리가 되는 특수를
누렸다. 누구나 고개를 들면 그를 기릴 수 있으니 최상의
장례법이다. 그러나 현대에 이르며 우주의 질서는 초월적인
것으로부터 합리적인 것으로 이행했다. 우리는 우주의 초월성을
점차 이성의 눈으로 포착하기 시작한 것이다.
오리온자리는 제임스 웹 우주 망원경JWST이 가만

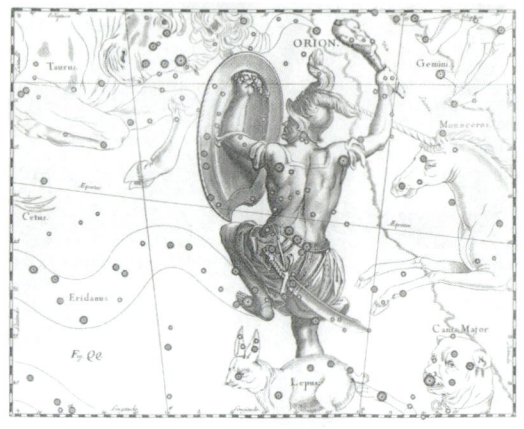

그리스신화 속 오리온자리 도상, 요하네스 헤벨리우스(Johannes Hevelius),
Firmamentum Sobiescianum, 1690.

JWST가 촬영한 오리온성운 ⓒ NASA / ESA / CSA / PDRs4All ERS Team

들여다보니 묘소가 아니라 여러 별 무리와 성운을 상상의 선으로 이어놓은 것에 불과했다. 물론 제임스 웹 우주 망원경이 발사된 것은 2021년이고, 우주가 신들의 휘장을 감추게 된 것은 그보다 훨씬 이전이다.

요하네스 케플러는 과학혁명기의 태동과 함께 17세기 최초의 과학적 우주여행 소설이라고 볼 수 있는 『솜니움 Sómnium』(1634)이란 소설을 창작해 당대에 접근 가능했던 달과 지구에 관한 지식을 이야기 형태로 풀어놓았다. 18세기에 볼테르는 계몽주의에 입각하여 외계 존재가 지구에 방문한 뒤 인간들의 무지를 실컷 꼬집는 『미크로메가스 Micromégas』(1752)를 저술했다. 19세기에 이르러 쥘 베른은 뉴턴 역학, 포물선 운동, 중력 등 19세기 과학을 바탕으로 『지구에서 달까지 De la Terre à la Lune』(1865)라는 소설을 썼는데, 그 내용은 남북전쟁 이후 총포 애호가(밀덕)들이 대포를 쏴서 달까지 날아가 본다는 내용이다. 일견 황당해 보이지만 나름의 수학적 계산과 수치 등이 참조되었고, 그 탓인지 작품상 설치된 대포의 위치가 훗날 NASA가 아폴로 11호를 발사한 케네디우주센터의 위치와 그리 멀지 않다.―안전한 발사 조건과 지구의 자전을 통한 에너지 이득 등 다양한 요소를 고려한 결과다. 폭력으로 점철된 남북전쟁의 세태와 당대 탄도학적 지식을 토대로 쥘 베른은 대포로 달까지 날아가 보자는 소설을 쓴 것이다.

위 작품을 원작으로 영화감독 조르주 멜리에스는 「달세계 여행 Le Voyage dans la Lune」(1902)이라는 작품을 만들었다. 이 영화는 최초의 SF영화라는 평을 받으며, 영화라는 장르가 상상과 환상의 매체가 될 수 있음을 선연히 보여줬다. 달의 기묘한 얼굴에 포탄이 날아와 박히는 충격적 이미지를 통해…. 소설을 원작으로 우주에 대한 상상력을 보여준 영화는 또 있다.

조르주 멜리에스, 〈달세계 여행〉(1902) 중 포탄이 달의 눈에 박히는 장면

1968년 스탠리 큐브릭의 「2001: 스페이스 오디세이 2001: A Space Odyssey」(1968)가 그 대표 격이다. 아서 C. 클라크의 「파수병 The Sentinel」(1951)을 원작으로 한 해당 작품은, 냉전기 우주 경쟁이 절정에 달한 시기에 달 착륙 경쟁의 승패를 떠나, "인류는 어디에서 왔고 어디로 가는가."라는 거대한 질문을 던졌다. 그 반대편인 동유럽에선 안드레이 타르코프스키가 스타니스와프 렘의 소설 『솔라리스 Solaris』(1961)를 동명의 작품—「솔라리스」(1972)로 영화화했다. 스타니스와프 렘과 안드레이 타르코프스키는 각각 외계 행성을 인간의 내면과 기억을 비추는 거울로 묘사하며 기술적 진보만으로는 도달할 수 없는 인간 이해의 문제를 전면에 내세웠다. 이 같은 흐름은 우주가 신화적이고 초월적인 공간에서 점차 호기심과 경외의 대상으로, 나아가 철학적 고찰의 장으로 이행하고 있음을 보여주는 것이다.

한편으로 미국의 지형도 안에서 우주는 특별한 형태로 호출되기도 했다. 1977년, 조지 루카스의「스타워즈 Star Wars」 시리즈는 단순한 우주 모험담—스페이스오페라 Space Opera를 넘어, 국민국가 nation-state의 문화적 상징 자산으로서 미국의 건국신화를 대중문화 속에 마련해 냈다. 해당 시리즈가 미국인의 역사, 문화, 정체성에 대한 공동 정서를 제공했다는 건 이제 딱히 새로운 분석도 아니다.「스타워즈」속 은하 제국과 반란군의 대립은 단일 지배체제 대 공동체, 구체제 대 공화정의 충돌 양상을 보여주며, 타투인의 황량한 풍경과 다양한 종족 구성은 미국이 스스로를 다민족, 다문화 개척 국가로 상상하는 방식과 겹친다. 또한 우주라는 뉴 프런티어는 미국의 개척 정신과 상통하기도 한다. 베트남전 패배 이후 미국 사회가 느끼던 미국의 권위 상실과 자신감 회복 욕구 속에서,「스타워즈」는 자유, 저항, 개척이라는 건국신화를 대중문화 속에서 화려한 특수효과와 영웅 서사로 재생해 낸 것이다. 그야말로 미국적인 방식이고, 이것이 할리우드가 해낸 일이다!

여담이지만 미국인들이 우주를 대하는 태도는 분명 특징적인 부분이 있다. 미국에는 유독 우주를 향한 국가 수준의 연대와 공명이 있다고 느껴진다. 미국이 맺고 있는 이 우주와의 관계를 상기하면, 오늘날 그들이 UFO나 외계인 문제를 대하는 태도에 대해서 돌아볼 수 있을지도 모르겠다(요즘엔 UAP(Unidentified Aerial Phenomena 또는 Unidentified Anomalous Phenomena)라는 용어를 선호하는 듯하지만 나는 아직도 UFO가 좋다.). 미국은 단언컨대 UFO에 가장 관심이 많은 나라다. 걸핏하면 누군가가 의회 청문회나 소셜미디어를 통해 외계인의 정체를 폭로하겠다고 팔 걷고 나서며, 국가적인 차원에서도 이에 대해 의미심장한 발언을 서슴지 않는다. 이는 정말로 UFO가 이웃집 드나들 듯 우리 지구에 들락날락하기

미국 국립문서기록관리청 NARA 의 UFO 관련 기록 중 하나로, 공중에 떠있는 물체가
흐릿하게 포착된 장면 © National Archives Record Group 341 (U.S. Air Force)

때문일까? 그것도 미국에만? 그럴지도 모르지만, 미국의 문화적, 정치적, 심리적 층위에서는 우주에서 온 외부자들이 국가 안보와 국민 결속을 위한 외부 서사로 곧잘 소환되는 듯하다. 우리나라에서의 북한처럼 말이다.

　대한민국에서 나고 자란 나는 이게 조금은 황당하고 재미난 일처럼 느껴진다. 우리의 결속을 위해 간첩도 김정은도 아니고 외계인을 호출하다니! 어쩌면 소설 쓰기는 미국에서 좀 더 즐거운 면이 있을지도 모르겠다(그러나 먼 훗날 이 모든 게 진실이었다고 밝혀진다면… 같은 생각은 더 이어나가지 않겠다.). 드문 일이지만 한국에서도 참고할 만한 일례가 있다. 원인은 불명이나 과거 1976년 10월 14일 서울 상공에 UFO 편대가 나타났다고 온 서울이 난리가 난 사건이 있었다. 당시 반공 스트레스가 고조되어 가던 대한민국은 수도경비사령부 차원에서 대공포를 발사하며 강경 대응했고, 이는 해프닝을 더 강화하는 결과를 낳았다. 당시 MBC 라디오 '젊음을 가득히'를 진행하던 이수만이 이를 생중계했다는 도시 괴담이 있는데, 시간이 흘러 확인까지는 어렵다고. 아무튼 우주 존재에 대항하는 미국 중심의 연대가 인류의 구원으로 이어지는 할리우드의 문화적 창작물 역시 미국적 정신문화와 무관하지 않을 것이다. 「인디펜던스 데이 Independence Day」(1996)나 「아마겟돈 Armageddon」(1998), 「딥 임팩트 Deep Impact」(1998) 같은 예시처럼 말이다.

　이 세 영화는 공통적으로 우주로부터 거대한 외부 위협이 진공해 오는 상황을 전제한다. 이 위협의 정체는 외계인이거나 혹은 외계로부터 날아오는 소행성이다. 이 같은 맥락은 스페이스오페라의 경우처럼 외계 침공 Alien Invasion과 천체 재난 Astronomical Disaster이라는 SF의 하위 장르로 범주화 가능한데, 두 가지 모두 외부 위협 담론과 연계되어 발전해 왔다. 우주는 인류에게 모험과 탐구의 대상이면서 동시에 공포와 미지의 영역이었기 때문이다. 특기할 만한 건 「아마겟돈」과 「딥 임팩트」가 때마침 진행되던 NASA와 유럽우주국ESA의 NEO(근지구천체) 감시 프로젝트와 맞물리며 대중적 관심도가 높아졌던 점이다. 천체 관측 기술의 발전에 따라 인류는 우주로부터 도래할지 모르는 새로운 종말 시나리오를 탐색하기 시작했고, 이 같은 염려가 영화의 제작과 흥행에까지 이어진 것이다.

이 외에도 언급할 수 있는 작품들은 무궁무진하다. 기술 진보에 따라 우주에 대한 시각적 자료가 늘어났고, 과학적 지식이 증가하며 우리 삶과의 거리감 역시 좁혀졌다. 이에 따라 우주가 문화적 소재로 등장하는 빈도가 늘었고, 표현 방식과 맥락도 다양해졌다. 가령 우주를 향한 제국주의적 욕망과 그것에 대한 풍자를 「스타십 트루퍼스 Starship Troopers」(1997)에서 찾을 수 있을 것이고, 우주에 대한 지적 능력의 공백을 음모론이나 편집증적으로 투사하는 양상을 크리스 카터의 「엑스파일 The X-Files」(1998~2018) 시리즈나 장준환 감독의 「지구를 지켜라!」(2003)에서 찾아볼 수 있을 것이다. 또한 우주 환경을 향한 개척 정신과 과학적 세계관을 결합한 「마션 The Martian」(2015)은 그야말로 우주 버전 로빈슨 크루소라고 볼 수 있을 것이며, 혜성 충돌을 통해 현실 자본주의와 정치체제에 풍자를 가하는 「돈 룩 업 Don't Look Up」(2021)은… 그냥 내가 가장 좋아하는 영화라고 말하겠다(이 글에서 주요하게 언급된 일론 머스크와 미국을 함께 떠올리고 싶다면 이 영화를 보시라!).

그런데 우주를 표현하는 문화양식이 성숙해지면서 그것의 방향성이 점차 인간성에 대한 성찰로 향하게 되었다는 점은 특기할 만하다. 우주는 시간의 흐름에 따라 경이의 대상에서 성찰의 장으로 변모했다. 이 성찰이란 인간 개인의 내면에 대한 것일 수도 있고, 집단의 윤리에 관한 것일 수도 있다. 「인터스텔라 Interstellar」(2014), 「컨택트 Arrival」(2016), 「미키 17 Mickey 17」(2025) 같은 영화도 그렇다. 「인터스텔라」의 경우, 방대한 우주 지식과 첨단의 영화 제작 기술을 투과해 사랑이라는 인간적 감정을 드러낸다. 「컨택트」의 경우 외계와의 조우를 통해 타자의 이해 가능성과 개인의 상실과 관계 맺음에 대해 고찰하게 한다. 「미키 17」은 복제인간인 주인공의 외행성 탐사 여정을 통해 생명의 가치와 자아의 의미, 그리고 비인간 생명체와의 관계성을 돌아보게 한다. 여기서 각 작품이 표현하는 상상력들은 우주를 매개로 하되, 다시금 우리의 내면과 현실에 대한 질문으로 소급해 온다. 이는 결국 우주를 바라보고 삶에 결속하고 의미화하는 건 바로 우리 인간이라는 점을 상기시킨다. 우주의 의미는 단지 외부에 있는 게 아니다. 우리는 거기에 의미를 투사한다. 그리고 다시 되돌려 받는다.

　이렇듯 우리는 우주라는 시공간을 경유해 시대와 주제에 따라 고유한 메시지와 질문을 던져왔다. 이는 우리가 스스로를 '지구 위의 존재'에서 '우주 속 존재'로 재인식하기 시작한 결과다. 그렇다면 우리는 이 순간에 '우주 속 존재'로서 어떤 당대적인 문제의식을 생각해 볼 수 있을까. 최근 내가 안고 있는 고민은 이런 것이다. 올여름이 너무 덥다. 원체 더위를 잘 타다 보니 고민의 내용이 아주 실존적이다. 그리고 자연스레 이 생각은 기후나 환경에 대한 것으로 옮겨 갔다. 그리고 슬퍼졌다. 생각하면 할수록 인간이란 삶과 문명을 지속하기 위해 끊임없이 환경을 착복하고 쓰레기를 만들어야 하는 존재라는 사실이 주지되었기 때문이다. 이는 우주에서도 마찬가지다. 우주공간에 인간이 투기한 쓰레기를 우주쓰레기 space debris라고 부른다.

　우주쓰레기에는 폐기된 위성이나 로켓 잔해 등이 포함된다. 구글에 우주쓰레기를 검색해 보면 지구 궤도를 공전하는 그것들의 분포가 시각적 이미지로 나타난다.
유리 가가린이 처음 우주에 나간 지 약 60년 만에 지구는
토성처럼 수많은 고리를 얻게 됐다. 이에 응답하듯 「승리호 Space
Sweepers」(2021) 같은 영화에서는 우주쓰레기 수거라는 요소가
서사를 추동하는 메인 설정이 되기도 했다. 이는 과거
「그래비티 Gravity」(2013)나 「애드 아스트라 Ad Astra」(2019) 같은
작품 속에서 우주쓰레기가 재현되는 모습과는 다른 양상인데,
후술한 두 영화에서는 그것들이 주인공의 생환과 임무를
방해하는 장치로서 등장하고 마는 반면, 전자에선 그것이
우주 환경 파괴에 대한 주요한 문제의식과 은유로서 등장하기
때문이다. 이는 우주쓰레기에 대한 위기의식이 대중문화에까지
가까이 다가왔다는 것을 의미할 것이다.

자고로 사람은 자기가 만든 쓰레기를 되도록 보이지
않게끔 어디 꿍쳐놓는 습속이 있다(내 집 안 모습만 봐도 알
수 있다.). 과연 검은 우주는 그 습속에 걸맞은 최적의 장소다.
하지만 언젠가 현실을 깨닫게 되는 순간이 온다. 분주히 출근을
준비하다가 쓰레기가 발치에 툭 걸리거나, 퇴근해 보니 집 안이
엉망이네… 하는 순간들. 혹은 올여름은 정말 유독 덥구나,
하늘을 올려다볼 때가 그렇다. 대체로 그런 순간은 되돌리기엔
너무 늦어버린 시기에 찾아온다.

언젠가 우주쓰레기 역시 그 불편을 실감하는 때가 찾아올
것이다. 환경과 생태에 관한 이슈가 위급성을 갖기 시작하면서,
또 인류의 생활 영역이 점차 우주로 확대되면서, 환경 위기의
영역은 이제 우주적인 차원이 되어가고 있다. 사실 지금도
우주쓰레기는 지구 궤도를 배회하며 발사체에 충돌 위험을
야기하고, 일부 대형 파편이 대기권에 재진입해 낙하하여 인류의
여러 안전 문제를 촉발하기도 한다. 이는 우주를 향한
우리의 미래를 위협하는 요인들이다. '스페이스X'나

'스타링크' 같은 대규모 위성 배치가 논란이 되는 부분도 바로
이 지점이며, 이미 많은 이들이 이와 관련한 우려를 제기하고
있다.

　다행인지 불행인지 이런 문제의식이 나만의 것은 아니다.
세상에는 늘 선제적으로 우리의 미래를 생각하는 사람들이
있고, 그렇기에 나 같은 사람도 여차저차 살아갈 수 있어서
너무나 은혜롭다. 유럽우주국은 폐기된 위성을 우주 발톱space
claw으로 인형 뽑기처럼 붙잡아 대기권으로 진입시켜 소각하려는
프로젝트를 진행 중이며, 영국에선 작살이나 그물망을 통해
우주쓰레기를 포획하려는 실험을 진행한 바 있다. 또한 각국의
우주 연합 기구들 역시 정책과 규제를 통해 더 이상의 우주쓰레기
발생을 억제하자는 취지로 국제 협력을 시도 중이다. 여기선
소략하지만, 이 밖에도 참신하고 흥미진진한 아이디어가 많다.

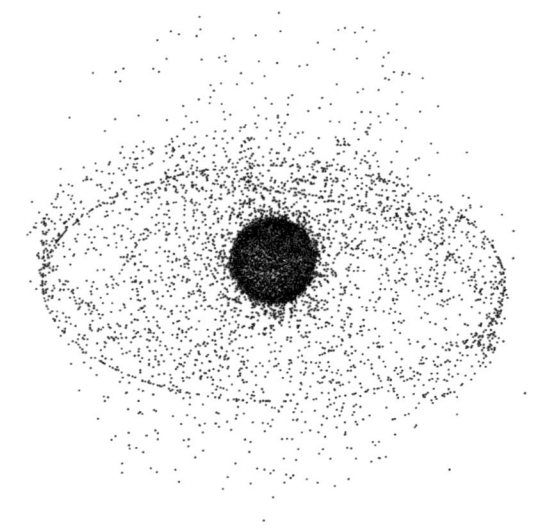

지구 주변 우주쓰레기 분포 모형 ⓒ NASA Earth Observatory

ESA RemoveDEBRIS 프로젝트의 개념도 ⓒ ESA

　나 역시 우주쓰레기에 대한 상상으로 소설을 쓰다가 대차게 말아먹은 경험이 있다. 대략적인 내용은 정체를 알 수 없는 존재가 지구로 우주쓰레기를 되돌려 보낸다는 내용의 소설이었는데, 더 간명하게 말해 "우주에 쓰레기 버리지 맙시다."라는 주제의 작품이었다. 지금 생각해 보니 유치하고 조악하다. 하지만 언젠가 미완된 원고를 완성할지도 모른다. 한 줄로 요약했을 때 유치하지 않은 소설은 없으니까. 내가 군이 이 내용을 적어두는 것은 피에르 바야르 식으로 말해 미래를 예상 표절하기 위함이다(이거 제 아이디어입니다.). 어찌 됐건 우주에 대한 나의 관심은 생태와 환경에 대한 관심사와 결부되었다. 이 역시 현대의 기술 조건과 '우주 속 존재'라는 재인식, 그리고 당대적 문제의식이 조응한 결과일 테다.

아무래도 "쓰레기 버리지 맙시다."라는 말은 익숙해도
"우주에 쓰레기 버리지 맙시다."라는 말은 조금 낯설다. 그러나
우리가 우주에 더 가깝게 다가선다면 이 같은 구호가 더
많이 탄생할지도 모른다. 가령 "제발 우주 좀 치우세요."랄지
"우리 우주 푸르게 푸르게(?)"랄지⋯. 이런 구호들이 끝없이
개발되어야 함은 물론이다. 우주를 알아간다는 건 새로운 비전을
여는 것이고, 동시에 새로운 위험을 알아가는 일이기도 하다.
우리는 이런 과정을 통해 공동의 것을 지킬 수 있는 규범과
가치 체계를 개발해 나간다. 인간의 도덕과 윤리는 이처럼
새로운 지식과 발견, 문명의 이행에 따라 변화해 왔고, 그것은
필수 불가결하다. 즉 우주의 발견은 새로운 우주적 윤리의
발견으로까지 이어져야 한다.

그리고 문학은 거기서 어떤 역할을 할 수 있을지도 모른다.
우주에 의미를 투사하고 읽어내는 일, 그리고 또다시 새로운
의미를 마련하는 일은 그 자체로 문학적이다. 변화하는 세계상에
새로운 윤리를 개발하는 일도 그것과 크게 다르지 않을 것이다.
문학은 기존의 규범을 비판하고 새로운 윤리 의제를 상상하며
전개되어 왔다. 특히 SF는 미래 변화에 따른 사고실험의
장으로서 기능하곤 했다. '로봇 3원칙'으로 유명한 아이작
아시모프는 인간과 로봇 사이의 윤리적 딜레마를 상상했고,
필립 K. 딕은 「블레이드 러너 Blade Runner」(1993)의 원작으로도
유명한 『안드로이드는 전기양의 꿈을 꾸는가? Do Androids dream of
electric sheep?』(1968)에서 안드로이드를 통한 생명과 비생명의 경계
문제를 제기했다.

물론 창작에 윤리를 운운하는 것이 다소 고루해 보이는 것도
일부분 맞다. 그러나 역설적으로 윤리라는 개념에서 느껴지는
고루함은, 그 개념 자체가 끊임없이 도전받기 때문에
가능하다. 그것을 낡았다고 생각하는 우리의 반작용

85

자체가 그것의 쇄신 가능성일 수 있다. 우리는 윤리를 공동의
것으로서 끊임없이 보전해야 하지만, 동시에 비판의 대상으로
힘겨루기하며 생동하게 한다. 따라서 우리는 기존의 윤리를
검토하면서 동시에 새로운 우주적 관점에서의 윤리, 그러니까
'우주윤리' 개발에 도전해야 한다.

'우주윤리'란 우주에 대한 환경적 책임 문제를 따지는
것이고, 동시에 자원의 분배에 관한 것일 수도 있고, 행성
탐사에서의 윤리 강령이 될 수도 있다. 나아가 우주 환경에서의
노동 구조에 대한 것일 수도 있으며, 우주 군사화에 대한 경계와
억제가 포함될 수도 있다. 법제적 차원에서도 해양법이나
남극조약을 넘어선 훨씬 더 광대한 차원의 국제법이 필요할
것이다. 또한 우주의 제한적 접근성이나 독점 가능성은
지금까지와 규모나 척도를 달리하는 새로운 종류의 불평등을
조장할 수도 있는데, '우주윤리'를 다루는 것은 이와 같은 모든
갈등 상황을 고려하는 일이다. 우리는 우주적 고찰의 순간 앞에
서있다.

이쯤에서 글의 초입으로 돌아가 보니 나는 스스로의
질문에 어느 정도 힌트를 얻은 것 같다―우주에 대한 마음,
우주에 마음을 쓰는 이유. 그것은 우주가 무한한 가능성으로
거기 있기 때문이다. 우주는 열려있고 지금, 이 순간도 팽창
중이다. 그 광대한 미지의 공간에 대해 우린 아직 완전히 알지
못한다. 하지만 그것을 의미로 전유하는 건 인간의 영역이다.
우주에 대한 현실은 우주와 우리, 양자가 마주치는 접촉면에
존재한다. 우주는 탐구의 대상이자, 과학적 사실이며, 미지이고,
동시에 우리 자신이다. 말했듯 우주는 쓸데없이 넓고 방대하며
광활하다. 달리 말해 우리의 마음이 서려들 여백이 충분하다.

지금까지 우리는 우주를 향해 순수한 모험심과
호기심부터 신앙과 지적 열정, 체제 경쟁과 두려움,

사회적이고 경제적인 욕망까지, 다양한 의미와 동기를 투사해
왔다. 이는 우주에 대한 앎과 감각을 토대로 한 것이었고, 이
앎과 감각이란 시대의 지적 자산과 기술 조건에 따라 계속하여
변화하는 것이었다. 이 모든 과정을 통해 우주 역시 우리에게
계속해서 새로운 의미를 돌려주었다. 그리고 지금 우리는
유례없이 빠른 속도로 우주를 향해 도약하는 지점에 와있다.

　　돌이켜보면 나 역시 우주를 통해 내가 안고 있던 고민을
털어놓고 싶었던 것 같다. 그러다 보면 우주를 통해 뭔가를
돌려받을 수 있을 것 같았다. 우주가 속내를 털어놓는
대나무숲이냐고 묻는다면 할 말은 없다. 하지만 쓰다 보면
우주가 인간성의 한 단면을 내게 알려줄 것 같았다(이렇게 내가
이기적이다.). 그래서 조금 답을 얻었냐면… 글쎄, 아무래도 오래
쓸 팔자다.

　　그런데 창작은 어쩌면 우주로 진출하는 인류의 노력과
닮아있을지도 모르겠다. 나 같은 인간은 부드러운 중력 속에
누워 상상한다. 저 위에는 무엇이 있을까? 익숙함 속에서 우리는
멀리 있는 것을 상상하게 되고, 그 상상은 우리를 외려 익숙한
것에서 벗어나게 한다. 우리가 그리는 새로운 질서는 고향을
필요로 하지만 동시에 그곳으로부터 도약할 것을 요구한다. 만약
그렇게 우리가 어딘가 당도한다면 그곳의 중력은 우리를 다시
부드럽고 완곡하게 포섭할 것이다. 누군가는 누울 것이고, 그중
누군가는 다시 한번 상상할 것이다―이 단락을 굳이 넣은 이유는
단순하다. 누워 시작했으니 누워 끝내고 싶은 마음.

　　이 시점에 나는 우주에 관해 쓰는 일이 새로운 '우주윤리'를
개발하는 과업과 동행할 수 있다고 느낀다. 물론 그렇게 느끼는
것과 그렇게 해야만 하는 것은 다르다. 상투적인 말이지만
창작에는 다양한 의도와 동기가 존재할 수 있고,
올바로 나아가야 할 지향점이란 존재하지 않기

때문이다. 그렇기에 '우주윤리'라는 말은 그저 우주를 바라보는
다양한 관점에 포함될 것이다. 하지만 그것 또한 멋진 일이다.
우주 결혼 패키지를 추진 중인 미국의 '스페이스 퍼스펙티브Space
Perspective'는 비록 그 사업은 미덥지 않지만, 이름만큼은 마음에
든다. 직역하자면 우주 관점. 그렇다. 우리에게 필요한 건
무엇보다 바로 우주 관점이다.

각자의 상상력으로 우주를 전유하여 쓰고 유용하다 보면
우주 관점은 계속해서 팽창할 것이고 늘어날 것이다. 때때로
서로 거리를 벌리며 멀어지기도 할 것이고, 무언가는 수명을
다해 사라지기도 할 것이다. 하지만 이 관점들이 총총한
별들처럼 공존할 수 있다는 사실은 우리를 이 작은 별에서도
외롭지 않게 만든다. 이 모든 관점의 총합이 우리의 우주에
포함된다.

ORION.

Lepus.

한국 '우주경제' 어젠다의 탄생과 발전

안형준

안형준

과학기술정책연구원(STEPI) 연구위원으로 현재
우주공공팀 팀장을 맡고 있다. 서울대학교에서
물리교육과 철학을 공부하고, 같은 학교 과학사 및
과학철학 협동과정(현 과학학과)에서 과학철학으로
석사 학위를 받았다. 석사 학위를 마친 뒤《과학동아》
기자로 활동하던 중, 2006년 한국 최초 우주인 사업에
우주인 후보로 지원하여 최종 30인 후보에 올랐다.
우주인이 되지는 못했지만, 이 과정에서 얻은 연구 질문과
문제의식을 가지고 미국 유학을 떠나 조지아공과대학에서
과학기술사(우주개발사)로 박사 학위를 받았다. 2015년
귀국 후 과학기술정책연구원에 입사하여 우주정책을
비롯한 거대 공공 과학기술 정책을 주로 연구하면서
정부 여러 부처의 우주정책 관련 자문 활동과 우주문화
활동에도 매진 중이다. 지은 책으로는 『우주경쟁의
세계정치』(공저), 『AI와 우주탐사』 등이 있다.

2024년 한국우주항공청KASA이 개청하면서, 한국은
국가우주개발의 중대한 전환점을 맞이하였다. 우주항공청
출범을 기념한 첫 국가우주위원회 회의에서 윤영빈 청장은
'세 번째 기적'을 언급하며, 우주산업이 국가의 새로운 성장
동력이 될 것이라고 강조했다. 한국은 지난 수십 년 동안
'한강의 기적'과 '반도체의 기적'을 통해 눈부신 경제적 성과를
거두었으며, 이제 우주경제를 새로운 국가 성장 동력으로 삼아
또 다른 기적을 만들어내겠다는 비전을 제시한 것이다.[1]

21세기 들어 우주경제space economy는 전 세계적으로 국가의
경제와 안보 전략에서 중요한 역할을 차지하고 있다. 기술
발전과 민간 기업의 참여 확대는 우주 활동의 범위를 기존의
과학 탐사나 군사적 목적을 넘어 다양한 상업적 분야로
확장했다. 많은 국가가 우주기술을 새로운 성장 동력으로
삼으려는 전략을 추진하고 있으며, 한국도 이러한 국제 정세에
발맞추어 우주경제를 국가적 핵심 정책 어젠다로 채택했다.
이 글에서는 한국에서 지난 10여 년간 우주경제가 국가적 정책
어젠다로 발전하게 된 배경과 정책화 과정 그리고 궁극적인
지향점이 무엇인지 살펴보고자 한다.

우주개발, 국가 주도에서 민간 주도로

우주개발은 전통적으로 막대한 자본과 긴 개발 기간이
필요해서 정부 주도로 이루어져 왔다. 초기의 우주개발은
국가 안보, 과학적 탐사, 기술력 확보 등의 전략적 목적에
집중되었으며, 이는 민간 기업이 독자적으로 감당하기에는 높은
리스크와 비용이 수반되었기 때문이다. 그러나 최근 들어 민간

---

1 대한민국정책브리핑, 「2045년까지 우주항공 5대 강국 진입 ⋯ 첫 국가우주위
원회 개최」, 2024. 5. 30.

기업의 기술력 향상과 우주산업 시장의 성숙도가 증가하면서, 우주개발의 주도권이 점차 정부에서 민간으로 이동하는 추세가 뚜렷하게 나타나고 있다. 이러한 변화를 '뉴스페이스New Space'라고 부르며, 이는 단순히 민간 기업의 참여가 늘어나는 현상을 넘어, 우주산업 생태계 전반의 구조적 변화를 의미한다.[2]

초기의 우주개발은 국가의 전략적 필요에 따라 정부 주도(국가 주도 모델)로 이루어졌다. 미국의 아폴로 프로젝트나 구소련의 스푸트니크 발사는 전형적인 국가 주도형 우주개발 사례로, 군사적이며 정치적인 목적이 강하게 반영되었다. 이 시기의 우주개발은 국가 차원의 막대한 재정 지원과 인프라 투자가 필수적이었으며, 민간 기업의 역할은 주로 정부의 용역 사업자 역할에 한정되었다. 이처럼 초기 우주개발은 정부가 전 과정을 직접 설계하고 운영하는 형태로, 민간 기업은 부품 제작이나 일부 시스템 개발 등 보조적인 역할에 머물렀다. 정부는 전체 시스템을 설계하고 기술적 요구 사항을 명확히 규정하며, 민간 기업은 이 요구에 맞춰 제품을 개발하여 납품하는 방식이었다. 이는 민간의 기술력이나 자본력이 독자적인 우주개발을 감당할 수준에 이르지 못했기 때문에 불가피한 구조였다.

그러나 우주개발이 점차 확대되면서 정부는 직접적인 운영자 역할에서 벗어나, 민간 기업과의 협력을 통해 효율성을 높이고자 하였다. 이를 위해 등장한 것이 민관협력(Public-Private Partnership, PPP) 모델이다. 민관협력은 우주개발에 필요한 자금, 기술, 인프라를 민간과 공유함으로써 정부의 부담을 줄이고, 민간의 기술혁신을 촉진하는 역할을 한다. 이 모델에서는 민간 기업들이 단순한 용역 업체가 아니라, 우주개발 프로젝트의

2 안형준 외, 「뉴스페이스(New Space) 시대, 국내우주산업 현황 진단과 정책대응」, 과학기술정책연구원, 2019.

일부를 주도할 기회를 얻을 수 있다. 예를 들어 정부는 특정 우주 프로젝트에 대한 목표와 기본 요구 사항을 제시한 후, 이를 민간 기업에 맡겨 설계와 개발을 진행하게 한다. 정부는 이 과정에서 일정 부분의 자금을 지원하거나 기술이전을 통해 민간의 역량을 강화한다. 이와 같은 방식은 민간 기업의 참여를 독려하는 동시에, 국가 차원에서 우주산업의 경쟁력을 강화하는 전략으로 자리 잡았다.[3]

대표적인 예로는 NASA의 상업용 우주 수송 프로그램 (Commercial Orbital Transportation Services, COTS)이 있다. NASA는 민간 기업인 스페이스X와 오비털 ATK Orbital ATK와 협력하여 국제우주정거장ISS에 화물을 운송하는 임무를 수행했다. 이 과정에서 정부는 일정 부분의 자금을 투자했지만, 개발 과정의 상당 부분을 민간 기업에 맡겼다. 이로 인해 스페이스X는 독자적인 우주발사체인 팰컨 9를 개발할 수 있었고, 이후 민간 우주개발의 대표적인 성공 사례로 자리 잡았다.

뉴스페이스 시대를 견인한 스페이스X 팰컨 9 로켓의 첫 해상 바지선
수직 착륙 성공 모습 ⓒ SpaceX

3   안형준 외, 「뉴스페이스 시대, 우주산업 경쟁력 제고를 위한 민관협력 확대 방안」, STEPI Insight 273, 과학기술정책연구원, 2021.

이러한 민관협력의 양상은 우주개발의 리스크 분산과 효율성을 고려한 정부 투자-민간 개발 모델로 발전했다.[4] 이 모델에서는 정부가 사업의 방향성과 목표만을 제시하고, 민간 기업이 연구개발R&D과 프로젝트 관리를 주도하는 방식으로 진행된다. 정부는 초기 투자자로서 자금을 지원하거나, 성공적인 프로젝트 완료 시 구매자가 되는 형태로 민간 기업을 지원한다. 이 모델의 장점은 민간 기업이 창의적인 설계와 혁신적인 기술을 적용할 수 있다는 점에 있다. 정부는 과도한 개입 없이, 민간 기업의 자율성을 보장하면서도 국가 차원의 전략적 목표를 실현할 수 있다. 특히 위험 분산 차원에서 여러 민간 기업과의 계약을 통해 프로젝트 실패 가능성을 최소화한다.

예를 들어 미국의 아르테미스 프로그램Artemis Program에서는 우주선을 포함한 핵심 장비의 일부를 민간 기업에 맡기고 있으며, 스페이스X와 블루 오리진Blue Origin 같은 민간 기업들이 이 프로젝트에 참여하고 있다. 이러한 협력 구조는 민간 기업의 기술력 강화와 우주산업 전반의 경쟁력 향상에 기여하고 있다. 한국 정부도 위성 개발이나 발사체 기술 확보에 있어 민간 기업의 참여를 점차 확대하고 있다. 초기에는 정부가 전적으로 설계하고 개발한 누리호KSLV-II 프로젝트를 통해 발사체 기술을 내재화했지만, 이후 민간 기업이 해당 기술을 상용화할 수 있도록 지원하고 있다.

이러한 민관협력을 통해 우주산업이 충분히 성숙하면 정부의 역할은 규제자와 소비자로 전환되고, 민간 기업이 독립적으로 우주개발을 주도하게 된다. 이 단계에서는 민간 기업이 정부의 재정 지원 없이도 자금을 시장에서 조달할 수 있으며, 독자적으로 우주탐사나 상업적 프로젝트를 수행할 수 있다.

4   안형준 외, 「혁신성과 제고를 위한 정부 R&D제도 개선방안: 제4권 민관협력 기반 성과 창출을 위한 R&D제도 개선방안(우주개발 분야를 중심으로)」, 과학기술정책연구원, 2020.

이러한 민간 주도의 우주개발은 이미 일부 분야에서 현실화되고 있다. 예를 들어 위성을 이용한 통신, 방송, 항법 Navigation 서비스 분야는 상업화가 활발히 이루어지고 있으며, 민간 기업들이 자체적인 서비스 제공자로서 정부와 일반 기업에 솔루션을 제공하고 있다. 대표적으로 스페이스X의 스타링크 Starlink는 전 세계에 저궤도 위성을 통한 인터넷 서비스를 제공하며, 이를 통해 민간 기업 주도의 상업 우주서비스 시장을 확장하고 있다.

최근 우주 관광, 소형위성 발사 서비스, 우주 자원 채굴 등 신흥 우주산업 분야에서 민간 기업의 주도적 역할이 두드러지고 있다는 점은 우주 분야에서 민관협력을 더 가속화하고 있다. 버진 갤럭틱 Virgin Galactic과 블루 오리진 등은 민간 우주 관광 사업을 선도하고 있으며, 플래닛랩스 Planet Labs와 같은 소형위성 전문 기업들은 지구 관측 영상 데이터 시장을 혁신하고 있다. 이 단계에 이르면 정부는 민간 기업이 제공하는 우주 상용 서비스를 구매하거나, 규제를 통해 공공의 이익을 보장하는 역할에 집중하게 된다. 정부는 민간 기업들이 수행하는 우주 활동이 국가 안보, 환경보호, 국제 협약 등의 기준에 부합하도록 관리하지만, 개발에는 직접적으로 관여하지 않는다.[5]

'우주경제'의 부상과 정부의 역할

우주산업의 신기술들이 전 세계적으로 다양한 비즈니스 모델과 연결되면서, '우주경제'가 새로운 경제구조로서 많은 논의의 중심에 서게 되었다. 그러나 우주경제가 단순히 우주 분야에 국한된 것인지, 아니면 그 범위를 넘어서는지를 명확히

---

5 이현익, 안형준,「국가우주혁신시스템 단계별 항공·우주 정책 전략 수립에 관한 탐색적 연구」, 2025년도 한국항공우주학회 춘계학술대회, 2025. 4. 3.

하는 것이 중요하다.[6] 논의의 핵심은 우주경제가 우주 활동과 직접적으로 연관된 재화, 서비스, 기술 생산에만 한정되는지, 아니면 위성 신호와 데이터를 기반으로 하지만 전통적인 우주 활동과 직접적인 연관이 없는 디지털 제품 및 서비스 같은 중간재까지 포함해야 하는지에 있다.[7]

현재 우주산업은 글로벌 산업 분류 기준(Global Industry Classification Standard, GICS)에서 독립적인 산업으로 분류되지 않기 때문에, 우주산업과 관련된 통계 자료를 생산하는 과정에서 국가마다 정의, 범위, 방법론이 상이하다. 그래서 각국 간의 우주산업 통계 비교가 어렵다는 문제가 발생하고 있다.

OECD는 우주경제를 "우주의 탐사, 이해, 관리 및 활용으로부터 인간에게 가치와 혜택을 창출하는 모든 활동"으로 정의한다.[8] 이 정의에 따르면, 우주경제는 지상국, 발사체, 위성 등 우주 인프라의 연구, 개발, 제조와 관련 제품 및 서비스를 포함하는 포괄적 개념이다. OECD는 가치사슬value chain의 개념을 통해 우주경제를 크게 상류 부문Upstream Industries, 하류 부문Downstream Industries, 우주기술을 활용하는 기타 산업 부문 등 세 가지로 구분한다.

상류 부문에는 우주와 관련된 기초연구와 응용연구, 우주 및 지상 시스템의 제조와 발사, 재료와 부품의 공급, 원격탐사remote sensing 등 전통적인 우주 활동이 포함된다. 최근에는 우주 관광, 궤도 내 정비, 우주 폐기물 제거, 우주 자원 채굴 등의 신흥 분야도 상류 부문에 포함된다. 하류 부문은

---

6 Punnala, Madhava, Sireesha Punnala, Aki Ojala, and Heikki Kuusniemi, "The Space Economy: Review of the Current Status and Future Prospects", *Space Business*(Singapore: Palgrave Macmillan, 2024).

7 OECD, *OECD Handbook on Measuring the Space Economy* 2nd edn(Paris: OECD Publishing, 2022).

8 OECD(2022), 앞의 글.

물류, 마케팅 등과 같은 후속 활동을 포함하며, 위성 데이터를 기반으로 한 내비게이션 시스템과 통신, 기상 관측 등의 지상 서비스가 여기에 해당한다. 일반적으로 상류 또는 하류로 갈수록 부가가치가 높아지며, 이들 부문은 공식 통계 및 산업 데이터를 통해 상대적으로 쉽게 측정할 수 있다.[9] 우주기술을 활용하는 기타 산업은 우주산업에서 파생된 영역으로, 그 경제적 가치를 측정하기 어렵다. 예를 들어 우주비행사용으로 개발된 의자는 자동차 좌석 설계에 활용되었으며, 달착륙선과 화성 탐사 로버에서 사용된 지형 인식 기술은 자율주행차 기술에 응용되었다. 이러한 기술이전technology transfer을 통해 우주 이외의 산업에서 사용되는 우주기술의 가치는 정량화하기 어렵다.

결국 우주경제의 범위는 다른 산업이 어느 정도 포함되는지, 그리고 우주기술이 타 산업 제품에서 어떻게 평가되는지에 따라 달라진다. 이는 각국의 우주기술 수준, 시장 성숙도, 우주와 비우주 활동 간 경계가 다르기 때문이다. 특히 디지털 경제화가 급속히 진행됨에 따라, 위성 신호와 데이터를 활용한 다양한 활동들이 새로운 경제적, 사회적 가치를 창출하고 있다. 이로 인해 우주경제가 전체 경제구조에 미치는 영향력이 커지고 있으며, 우주와 비우주 활동 간의 경계가 점차 흐려지고 있다.

그러나 이러한 경계의 모호성은 우주경제의 불확실성을 키우고, 그 범위와 성장 가능성을 예측하기 어렵게 만든다. 우주경제는 기술혁신에 매우 민감하게 반응하며, 이는 미래 성장 예측의 불확실성을 증폭한다. 또한 우주산업의 고유한 불확실성과 리스크, 일자리 창출, 기술혁신, 신산업 육성뿐만 아니라 기후변화 대응, 행성 방어, 국가 안보 등에 대한 기여

---

9 OECD(2022), 앞의 글.

기대는 정부의 역할이 여전히 중요함을 시사한다.[10] 이는 정부
주도의 우주개발에서 민간 주도 우주경제로의 전환이 진행 중인
현재에도 유효하다. 정부는 여전히 투자자이자 소비자의 역할을
동시에 수행하고 있다.

정부는 우주 분야에서 단순히 자금을 지원하는 역할에
그치지 않고, 민간 기업과 학계의 연구개발R&D을 촉진하는 주요
소비자의 역할도 해왔다.[11] 그러나 코로나19 이후 세계경제가
불안정해지면서, 인플레이션 상승, 에너지 가격 급등 등으로
인해 우주산업 전반에 대한 소비자 신뢰가 감소했고, 이는
우주경제의 불확실성을 더 증폭했다. 특히 하드웨어 중심
비즈니스 모델을 가진 기업들이 소프트웨어 기업들보다 더
큰 타격을 입었으며, 경기 침체에 취약한 민간 우주 기업들은
정부에 대한 의존도가 더욱 높아졌다.[12]

따라서 정부는 우주 분야 예산 배분 시, 공공 부문과 민간
부문의 역할 분담을 고려할 필요가 있다. 예를 들어 공공 부문은
우주탐사, 기초연구 등 장기적 관점의 비상업적 프로젝트에
집중하고, 민간 부문은 우주 장비의 대량생산 및 표준화와 같은
상업화 중심 활동을 담당하는 식의 역할 분담이다. 이와 같은
역할 분담을 통해 효율적이고 효과적인 우주경제 시스템을
구축할 수 있다.[13] 또한 정부의 역할이 축소되더라도, 정부와 민간
기업 그리고 학계 등 다양한 이해관계자가 참여하는 자생적인

10 Schmidt, Nikola ed., *Governance of Emerging Space Challenges: The Benefits of a Responsible Cosmopolitan State Policy*(Springer, 2022).

11 Paladini, Stefano, "The Business of Space", *The New Frontiers of Space*(Cham: Palgrave Macmillan, 2019). pp. 43-74.

12 Rainbow, Jessica, "Buckle Up, It Could Get Bumpy: The Space Economy's Vaunted Resilience Will Be Tested in 2023", *SpaceNew*, 2023. 1. 24.

13 Baber, W. W., and A. Ojala, "New Space Era: Characteristics of the New Space Industry Landscape", *Space Business*(Singapore: Palgrave Macmillan, 2024).

우주경제 생태계가 형성될 것이라는 기대감도 커지고 있다.[14]

우주경제와 기존 경제는 경제활동과 가치 창출을 공통으로 강조하며, 두 경제 모두에서 기술 발전과 혁신이 핵심적 역할을 한다. 우주경제는 단순히 우주개발을 위한 것이 아니라, 우주 기반 활동을 경제적 목적으로 활용함으로써 새로운 경제 기회를 창출하고, 혁신을 촉진하려는 데 그 목적이 있다.

결론적으로 우주경제 논의는 단순한 우주산업의 확장을 넘어, 과학기술 발전을 통해 우주 자원의 활용을 극대화하고 인류에게 혜택을 제공하는 지속 가능한 경제 시스템을 구축하려는 노력으로 볼 수 있다. 또한 각국의 우주경제를 제대로 이해하기 위해서는 그 국가의 정치적, 사회적, 문화적 맥락에 대한 포괄적 분석이 필수적이다. 국가별 우주정책 어젠다의 형성과 발전 과정은 해당 국가의 정치적 의도, 사회적 요구, 문화적 배경 등과 밀접하게 연관되어 있기 때문이다.

'우주경제' 어젠다 등장 배경

한국에서 우주경제에 대한 관심이 커지기 시작한 시기는 2010년대 후반이라고 볼 수 있다. 한국의 '제4차 산업혁명' 정책 어젠다와 글로벌 '뉴스페이스' 트렌드의 교차는 국가 우주경제에 대한 집단적 비전을 형성하는 데 중요한 전환점이 되었다. 첨단 기술 혁신을 강조하는 정부의 정책과 민간 주도의 우주개발이라는 글로벌 내러티브가 결합하면서, 공공과 민간 부문의 역할과 책임에 대한 새로운 상상이 촉진되었다. 빠르게 변화하는 기술 환경 속에서 경쟁력을 유지하기 위한 고민 끝에, 제4차 산업혁명과 뉴스페이스는 정책 범위를 확장했을 뿐만

---

14 Punnala, Madhava, Sireesha Punnala, Aki Ojala, and Heikki Kuusniemi, "The Space Economy: Review of the Current Status and Future Prospects", *Space Business*(Singapore: Palgrave Macmillan, 2024).

아니라 상업적으로 실현 가능한 첨단 우주기술을 수용하는 강력한 동력을 창출하였다.

제4차 산업혁명은 디지털화, 인공지능AI, 빅데이터, 사물인터넷IoT, 로봇공학, 바이오 기술 등 혁신을 아우르는 포괄적 개념이다. 2016년 다보스 세계경제포럼WEF에서 클라우스 슈바프Klaus Schwab가 제4차 산업혁명의 도래를 선언한 이후, 이는 글로벌 이목을 끌었으며,[15] 세계 각국은 미래산업 경쟁력을 확보하기 위해 첨단 기술과 혁신을 산업구조에 적용하려는 노력을 시작했다. 한국도 이러한 세계적 흐름에 발맞추어 제4차 산업혁명을 국가 성장 전략으로 수용하였다.

한국은 과거 제조업 중심의 경제구조와 수출 주도형 산업 정책으로 높은 성장을 이뤄냈으나, 2010년대 이후 성장 둔화와 글로벌경제의 불확실성에 직면했다. 여기에 인구 고령화, 노동력 감소, 기술 격차 확대 등 사회적이며 경제적인 문제들이 겹치면서 새로운 성장 동력이 필요해졌다. 이러한 배경 속에서 제4차 산업혁명은 국가 경쟁력을 강화하고 경제구조를 전환하기 위한 전략적 방향으로 주목받았다. 2017년 한국 정부는 제4차 산업혁명을 핵심 국가정책 어젠다로 추진하기 시작했으며, 대통령 직속 '4차 산업혁명위원회'를 설치하여 정책 수립과 조정을 담당하게 했다. 이 위원회는 AI, 빅데이터, IoT, 스마트 제조 등 혁신 기술을 국가 산업 전반에 적용할 전략을 마련하는 데 집중했다.[16]

2017년 정부는 '4차 산업혁명 대응 계획'을 발표하며 규제 완화, 인프라 구축, 혁신 성장을 위한 전문 인력 양성을 핵심 과제로 제시했다. 특히 데이터 경제 활성화, 스마트시티 구축,

---

15 Schwab, Klaus, "The Fourth Industrial Revolution: What It Means, How to Respond", World Economic Forum, 2016.

16 대한민국정책브리핑, 「대통령직속 4차산업혁명위원회 출범」, 2017. 9. 26., https://www.korea.kr/briefing/policyBriefingView.do?newsId=148843105

친환경 에너지 전환 등 다양한 분야에 4차 산업혁명 기술을
적용하는 혁신 정책을 추진했다. 이는 산업구조뿐 아니라 사회
전반의 디지털 전환을 위한 정책적 노력이었다.[17]

이후 정부는 '디지털 뉴딜 Digital New Deal'과 같은 전략을
통해 4차 산업혁명의 기반을 확장하고 AI, 바이오헬스, 미래 차
등 신산업을 육성하는 데 주력했다. 특히 코로나19 팬데믹은
비대면 산업, 디지털 교육, 원격의료 등 새로운 산업에 4차
산업혁명 기술을 적용할 필요성을 더 부각했으며, 디지털 전환을
가속화하는 계기가 되었다.[18]

이러한 흐름 속에서 한국 정부는 우주개발의 상업화, 즉
뉴스페이스에 주목하기 시작했다. 정부는 제4차 산업혁명
기술이 우주산업 혁신을 견인할 수 있다고 보고, 기존의 국가
주도형 우주개발에서 민간과의 협업으로 전환하려 했다.
이를 위해 정부는 4차 산업혁명 기반 신산업 육성과 함께
뉴스페이스를 우주정책의 중요한 축으로 삼았다.

이 시기에 있었던 우주개발과 관련한 중요한 사건은 2021년
한미 미사일 지침의 종료다. 1970년대부터 한미 방위 협력의
핵심 요소 중 하나였던 '한미 미사일 지침'은 한국의 미사일
개발을 거리와 탄두 중량으로 제한해 왔다.[19] 1979년 처음 체결된
이 지침은 한반도의 군사적 긴장 완화와 핵확산 방지를 목적으로
했으며, 당시 미국은 한국의 장거리 미사일 개발이 지역 내
군사적 긴장을 고조할 수 있다고 우려했다. 이에 따라 한국은
사거리 180km를 초과하는 탄도미사일은 개발이 제한되었다.

17 국회예산정책처,「4차 산업혁명 대비 미래산업 정책 분석: 제1권 총론, 4차 산업혁명과 정책
대응」, 2017.

18 대한민국정책브리핑,「디지털 뉴딜, 코로나 이후 디지털 대전환을 선도합니다」, 2020. 7. 15.,
https://www.korea.kr/briefing/pressReleaseView.do?newsId=156401244

19 An, Hyoung Joon, "National Aspirations, Imagined Futures, and Space
Exploration: The Origin and Development of Korean Space Program
1958-2013"(doctoral thesis, Georgia Institute of Technology, 2015).

이후 2000년, 2012년, 2017년, 2020년의 개정을 거치며 점진적으로 규제가 완화되었지만, 여전히 제한이 남아있었다.

그러나 2021년 5월 한미 정상회담에서 미사일 지침이 전면 폐지되면서, 한국은 미사일 사거리 및 탄두 중량 제한에서 완전히 자유로워졌다.[20] 이는 한국의 우주발사체 개발과 우주정책에 있어 중대한 전환점이었다. 이후 한국은 독자적인 발사체 개발과 우주탐사 역량 강화에 집중할 수 있게 되었으며, 이 과정에서 방위산업과 우주산업의 역할이 크게 확대되었다.

미사일 지침 폐지는 방위산업과 우주산업에 즉각적인 영향을 미쳤다.[21] 폐지 이전에는 고체연료 발사체 개발이 제한되었으나, 폐지 이후 국방부와 국방과학연구소ADD는 고체연료 기반 우주발사체 개발을 본격적으로 추진할 수 있었다. 고체연료 발사체는 액체연료 발사체보다 준비 시간이 짧고 발사 비용이 적다는 점에서 군사적 효율성이 높다. 2022년 12월 국방부와 ADD는 고체연료 우주발사체 시험 발사에 성공했으며, 이는 한국이 독자적인 고체연료 발사체 기술을 확보하는 데 중요한 이정표가 되었다. 이를 통해 한국은 향후 군사 정찰위성 및 통신위성의 독자적 발사와 운용이 가능해졌으며, 국방과 안보 역량을 크게 강화할 수 있게 되었다.

또한 방위산업계는 미사일 지침 폐지 이후 우주분야로 사업을 확대하고 있다. 한국항공우주산업KAI과 한화에어로스페이스 등 주요 방위산업체들은 우주발사체, 위성 기술, 우주탐사 프로젝트에 적극 참여하며 민간 기업과 군대의 협력 모델을 구축하고 있다. 정찰위성, 군 통신위성, 우주 감시 시스템 등의 기술 개발은 국방 안보뿐만 아니라 민간 우주산업에도 긍정적인

20 노현석, 차두현, 홍상화, 「한미 미사일지침 개정과 한국의 국방력 발전 방향」, 아산리포트, 아산정책연구원, 2023.

21 홍건식, 「미중 전략경쟁과 한미 미사일 지침 종료」, 이슈브리프 270호, 국가안보전략연구원, 2021.

영향을 미치고 있다.

정부 역시 방위산업과 우주산업 간 시너지 창출을 위해 정책적 노력을 이어가고 있다.[22] 우주발사체 기술은 국방과 민간 분야 모두에 필수적인 핵심 기술로, 국방부와 민간 기업 간 협력이 한국의 우주 역량을 강화하고 있다. 앞으로도 방위산업의 기술혁신은 한국이 독자적인 우주 인프라를 구축하고, 우주경제 실현을 위한 기반을 마련하는 데 기여할 것으로 기대된다.

기술, 경제 안보, 국가 발전이 융합되는 비전의 변화 속에서, 2019년 일본의 반도체 핵심 소재 수출 규제는 한국의 우주경제 정책 어젠다 재편에 있어 중대한 사건으로 작용했다. 이 사건을 계기로, 우주 프로젝트와 역량을 공급망 회복력과 경제 안보에 연계된 전략 자산으로 재구상하게 되었으며, 이는 한국의 이해관계자들이 우주산업을 국가 경쟁력과 기술 주권을 지키기 위한 핵심 분야로 인식하는 계기가 되었다.

2019년 일본은 반도체와 디스플레이 생산에 필수적인 세 가지 소재(고순도 불화수소, 포토레지스트, 플루오린 폴리이미드)의 한국 수출을 제한했다.[23] 이는 한국 반도체산업에 직접적인 타격을 주었으며, 글로벌 반도체 생산 강국인 한국의 공급망 안정성에 심각한 위협을 가했다. 이 사건은 특정 국가에 대한 의존도가 높은 한국의 첨단산업 공급망 취약성을 드러냈다. 반도체산업은 한국 경제의 핵심이자 글로벌 IT산업의 중심축인 만큼, 공급망의 교란은 국내뿐 아니라 세계시장에도 부정적인 영향을 미칠 수 있었다. 이에 따라 한국 정부는 핵심 소재 국산화, 수입선 다변화, 핵심 기술 개발 등을 통해 공급망

22   Panda, Ankit, "Solid Ambitions: The U.S.-South Korea Missile Guidelines and Space Launchers", Carnegie Endowment for International Peace, 2020.

23   Maizland, Lindsay, "The Japan-South Korea Trade Dispute: What to Know", Council on Foreign Relations, 2019.

안정화를 적극 추진했다.[24]

2020년대 전기차 시장의 급성장과 에너지 전환 가속화로 인해 리튬, 코발트, 니켈 등 핵심 배터리 원자재 수요가 급증하면서, 배터리 원자재 공급망 위기도 발생했다.[25] 한국은 배터리 생산 분야에서 세계적인 경쟁력을 보유하고 있지만, 원자재의 상당 부분을 해외에 의존하고 있어 공급망 교란에 취약하다. 특히 중국과의 경쟁 심화와 자원 부국들의 생산 제한으로 인해 원자재 가격이 급등하고 수급 불안정성이 확대되면서, 배터리 제조업체들은 생산 비용 부담과 공급망 리스크에 직면했다.[26] 희토류 역시 반도체, 전기차, 스마트폰, 국방 등 첨단산업에 필수적인 자원으로, 한국은 그 생산을 중국에 상당 부분 의존하고 있다. 미중 기술 패권 경쟁이 심화하면서, 중국이 희토류 수출을 무기화할 가능성에 대한 우려가 커졌으며,[27] 이는 한국의 첨단산업 공급망에 대한 또 다른 위험 요소로 작용했다.

이러한 공급망 위기는 한국 정부와 기업들이 경제 안보의 중요성을 인식하는 계기가 되었다. 공급망 안정성과 첨단 기술의 독립성 확보가 국가 경제와 안보의 지속 가능성을 보장하는 핵심 요소임을 깨닫게 된 것이다. 2019년 일본 수출 규제 이후 한국 정부는 '소부장(소재, 부품, 장비) 산업 육성 전략'을 수립해

24 Goodman, Samuel M., Dan Kim, and John VerWey, "The South Korea-Japan Trade Dispute in Context: Semiconductor Manufacturing, Chemicals, and Concentrated Supply Chains", United States International Trade Commission, 2019.

25 Makioka, Ryo, and Zhang, Hongyong, "The Impact of Export Controls on International Trade: Evidence from the Japan-Korea Trade Dispute in Semiconductor Industry", *Journal of the Japanese and International Economies* 74(2024).

26 Kim, Younkyoo, "The Rare Earth Element Supply Chain: South Korea's Position and Strategy", *EAF Policy Debates*, East Asia Foundation, 2022.

27 Kim, Dongsoo, "From Dependence to Partnership: Korea's Quest for Supply Chain Stability in Critical Mineral Resources", *KIET Monthly Industrial Economics* 305(2024).

반도체 소재, 부품, 장비의 국산화에 집중했다. 또한 배터리 원자재 확보를 위해 장기 공급 계약 체결과 국내 비축 확대 등도 추진했다.

한편 이러한 공급망 이슈는 한국의 우주정책에도 직접적인 영향을 미쳤다. 우주산업은 첨단 기술 집약적 분야로, 공급망 안정성이 매우 중요하다. 예를 들어 2022년 발사를 예정했던 초소형 군집 위성 '도요샛SNIPE'은 러시아의 소유스Soyuz 로켓을 통해 발사될 계획이었으나, 2022년 2월 러시아-우크라이나 전쟁과 이에 따른 국제 제재로 인해 발사가 지연되었다. 이 사건은 특정 국가의 발사체에 대한 의존이 공급망 리스크를 초래할 수 있음을 보여주었다.

또한 위성 및 발사체 개발에 필요한 첨단 부품의 상당수를 미국과 유럽 등 해외로부터 수입하는 상황에서, 미사일 기술 통제 체제MTCR 등으로 인해 일부 부품 수입이 제한되거나 지연되는 사례가 발생했다.[28] 이러한 상황은 한국의 위성 및 발사체 개발 일정에 차질을 빚게 했고, 비용 증가로 이어졌다.

이에 따라 한국의 우주정책은 발사체 기술의 자립화, 위성 부품 국산화, 국제 협력 확대 등을 통해 공급망의 안정성과 경쟁력을 강화하는 방향으로 전환되었다. 2021~2023년 세 차례에 걸친 한국형 발사체KSLV-II 누리호 발사는 이러한 노력의 일환이며, 향후 독자적인 발사체를 통해 다양한 위성과 우주탐사를 수행할 수 있는 역량을 확보할 계획이다.

또한 정부와 기업은 위성 부품, 통신 장비, 전자광학 시스템 등의 국산화를 위한 연구개발에 적극 투자하고 있으며 미국, 유럽, 일본 등과 협력을 통해 공급망 다변화를 추진 중이다.[29]

---

28 Hitchens, Theresa, "Commerce Eases Satellite Exports to MTCR Partners; South Korea a Key Focus", *Breaking Defense*, 2023. 3. 16.

29 Lee, Seungjoo, and Shin, Sangwoo, "Evolution and Dynamics of the Space Industry in South Korea", *Asie.Visions* 137(Paris: Ifri, 2024).

더불어 미국의 아르테미스^{Artemis} 프로그램 참여를 통해
우주탐사 분야에서도 글로벌 협력 체계를 구축하고 있다.

누리호 3차 발사 ⓒ 한국항공우주연구원

'우주경제'의 정책화 과정과 우주항공청 개청

이상에서 정리한 바와 같이 2010년대 후반, 한국은 성장
둔화와 사회경제적 도전에 대응하기 위해 첨단 기술 혁신과
경제 경쟁력 유지를 목표로 제4차 산업혁명을 국가정책으로
채택했다. 이러한 정책은 글로벌 트렌드인 '뉴스페이스'와
맞물리며, 정부와 민간의 협력을 통한 우주개발의 상업화를
이끌었다. 2021년 한미 미사일 지침의 해제는 한국 우주정책의
방향성을 다시 한번 전환하여, 고체연료 발사체의 독자적 개발과
국방 역량 강화를 가능하게 했다. 이러한 변화는
우주기술의 국산화를 촉진했으며, 민간과 국방 분야

모두를 강화하여 한국이 우주산업과 경제 안보의 수준을 동시에
높일 수 있는 기반을 마련했다. 이로 인해 한국의 우주정책은
우주경제라는 새로운 정책 어젠다를 중심으로 재편되었다.

　2022년 11월 28일, 정부는 '미래 우주경제 로드맵'을
발표하며, 2045년 화성 착륙을 포함한 야심 찬 우주개발 비전을
제시했다.[30] 이는 2045년, 광복 100주년을 맞아 한국을 글로벌
우주경제 강국으로 성장시키겠다는 전략으로, 로드맵에는
달과 화성 탐사, 우주기술 강국으로의 도약, 우주산업 육성,
우주 인재 양성, 우주 안보 실현, 국제 협력 선도까지 여섯 가지
정책 방향을 담고 있다. 윤 대통령은 기조연설에서 "2045년,
광복 100주년에 화성에 태극기를 꽂겠다."라고 선언하며 "이
과정에서 상상할 수 없었던 기술을 개발하고 미지의 영역을
개척할 것"이라고 강조했다. 또한 우주경제 로드맵을 통해
지구를 넘어 달과 화성까지 경제 영역을 확장하겠다는 포부를
밝혔다. 이를 위해 향후 5년간 우주개발 예산을 두 배로 늘리고,
세계 5대 우주기술 강국으로 도약하겠다는 계획도 내놓았다.

　로드맵은 우주산업을 국가 미래 경쟁력의 핵심으로 삼고, 달
및 화성 탐사 등 심우주 탐사를 포함한 다양한 목표를 설정했다.
이는 단순한 기술적 성과를 넘어서, 경제성장 촉진과 국가 안보
강화라는 의미도 지닌다. 특히 2032년까지 달 착륙, 2045년까지
화성 착륙을 달성한다는 계획은 한국 우주기술을 세계적
수준으로 끌어올리기 위한 장기 전략이다.

　윤석열 대통령의 우주경제 로드맵은 같은 해 12월 발표된
'제4차 우주개발진흥기본계획'을 통해 구체화되었다.[31] 4차

30　대한민국정책브리핑, 「윤 대통령 "2032년 달 착륙·채굴 … 광복 100주년 2045
년 화성 착륙"」, 2022. 11. 28., https://www.korea.kr/news/policyNewsView.
do?newsId=148908812

31　관계 부처 합동, 「제4차 우주개발진흥기본계획(2023~2027)」, 과학기술정
보통신부, 2022.

기본계획에는 국가우주정책의 새로운 패러다임으로 '우주개발
2.0'을 제시했는데, 기존의 '우주개발 1.0'이 정부 주도의
발사체와 지구관측위성 개발에 집중했다면, '우주개발 2.0'은
민간 주도의 혁신을 지원하고, 심우주 탐사와 같은 도전적인
미션에 적극적으로 참여하는 방향으로의 정책 전환을 의미했다.

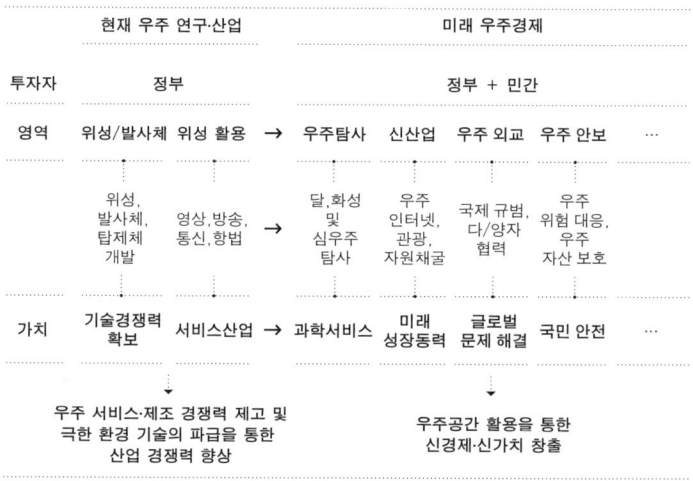

대한민국 우주경제 실현을 위한 우주개발 2.0 정책으로 전환

우주개발 1.0		우주개발 2.0
❶ 목표 핵심 우주시스템 확보 중심	→	중장기 우주개발 임무 중심
❷ 영역 위성·발사체 기술 개발 중심	→	우주탐사·과학까지 확장
❸ 주체 공공 주도 연구 역량·인프라	→	민간 참여 우주산업으로 확대

우주정책

	현재 우주 연구·산업		미래 우주경제				
투자자	정부		정부 + 민간				
영역	위성/발사체 위성 활용	→	우주탐사	신산업	우주 외교	우주 안보	…
	위성, 발사체, 탑재체 개발 / 영상,방송, 통신,항법	→	달,화성 및 심우주 탐사	우주 인터넷, 관광, 자원채굴	국제 규범, 다/양자 협력	우주 위험 대응, 우주 자산 보호	
가치	기술경쟁력 확보 서비스산업	→	과학서비스	미래 성장동력	글로벌 문제 해결	국민 안전	…

우주 서비스·제조 경쟁력 제고 및
극한 환경 기술의 파급을 통한
산업 경쟁력 향상

우주공간 활용을 통한
신경제·신가치 창출

제4차 우주개발진흥기본계획의 '우주개발 2.0'과 '미래 우주경제'
(과학기술정보통신부)

또한 이 계획은 우주경제라는 비전을 중심으로, 2045년까지 한국이 세계적인 우주강국으로 자리매김하기 위한 다섯 가지 핵심 미션(우주탐사 확대, 우주 수송 능력 완성, 민간 주도의 우주산업 육성, 우주 안보 구축, 우주과학 연구 강화)을 설정했다. 이 다섯 가지 미션은 단순히 첨단 기술을 개발하는 데 그치지 않고, 우주경제를 새로운 시장 창출, 자원 개발, 경제성장 촉진, 우주탐사를 통한 국제 위상 제고, 국방 및 안보 역량 강화의 촉매로 활용하겠다는 광범위한 비전을 담고 있다.

우주경제 실현이라는 정책 목표 설정과 더불어 국가우주개발 거버넌스의 재편 논의 역시 본격화됐다. 2020년 초부터 독립적인 우주 전담 기구 설립 논의가 확대되었는데, 이는 우주 전문가들이 지속적으로 요구해 온 사항이었다. 효율적인 거버넌스 구축을 통해 의사결정 속도를 높이고, 민관협력을 강화하며, 구체적인 성과로 전환할 수 있다는 점이 강조되었다.[32]

2022년 대통령 선거에서는 주요 후보들이 우주 관련 공약을 내세웠으며, 우주 기구 설립 문제가 국가 비전의 주요 어젠다로 떠올랐다. 선거 과정에서 윤석열 후보와 이재명 후보는 각각 우주 기구의 위치에 대해 다른 입장에 섰다. 윤석열 후보는 우주 기구를 과학기술정보통신부MSIT 산하 외청으로 설립하겠다고 공약했다.[33] 이는 기존의 과학기술 정책과의 연계를 통해 효율적인 운영이 가능하다는 논리였다. 과학기술 중심의 우주산업 특성상 과학기술정보통신부의 경험과 인프라를 활용하는 것이 유리하며, 기존 연구개발 업무의 중복을 피할 수 있다는 이유에서였다. 이재명 후보는 우주 기구를 국무총리실 산하에 두어야 한다고 주장했다.[34] 우주개발이 과학기술을 넘어

32 안형준 외, 「우주개발 확대에 따른 국가우주개발 거버넌스 개편 방안」, 과학기술정책연구원, 2022.

33 국민의힘, 제20대 대통령선거 대선공약집, 2022. 1. 14.

34 더불어민주당, 제20대 대통령선거 정책공약집, 2022. 2. 22.

국방, 경제, 외교 등 다양한 부처와의 협력이 필수적이라는 점을 들어, 총리실 산하에 두어 부처 간 조정 역할을 강화해야 한다는 의견이었다.

결국 2022년 대통령 선거에서 윤석열 후보가 당선되면서, 과기정통부 산하 외청으로 우주 기구를 설립하는 방향으로 정책이 정해졌다. 법적 근거를 마련하기 위한 특별법 제정 과정에서 약 1년에 걸친 활발한 논의가 국회에서 이어졌다. 논의의 주요 쟁점은 크게 세 가지로 요약된다.[35] 첫 번째 쟁점은 기구의 독립성 문제였다. 일부 야당 의원들과 전문가들은 과기정통부 산하 외청으로 설립될 경우, 우주 기구의 독립성이 약화될 수 있다고 우려했다. 급변하는 국제 우주산업에서 주도권을 확보하기 위해서는 독립적인 행정기관으로서의 정책 추진력이 필요하다는 주장이었다. 두 번째는 부처 간 협력 및 역할 분담에 대한 내용이었다. 우주개발은 과학기술뿐 아니라 국방, 산업, 외교 등 여러 부처와의 협력이 필수적이므로, 부처 간 협력 체계와 권한 배분이 중요한 논의 주제가 되었다. 국회는 우주 기구가 다른 부처들과 어떻게 협력할지에 대한 구체적인 법적 근거 마련을 요구했다. 마지막으로 우주항공청의 연구개발 기능에 대한 쟁점이 있었다. 정부와 여당은 우주 기구가 단순 행정 조직을 넘어 실제 연구개발을 주도할 수 있는 역량을 갖추어야 한다고 주장했다. 반면 야당은 기존 한국항공우주연구원KARI과의 역할 중첩을 우려하며, 구체적인 역할 분담 계획이 필요하다고 강조했다.

약 1년간 이어진 국회에서의 논의 끝에, 2024년 1월 9일 국회 본회의에서 「우주항공청 설치를 위한 특별법」이

---

35   안형준 외, 「우주개발 확대에 따른 국가우주개발 거버넌스 개편 방안」, 과학기술정책연구원, 2022.

통과되었다.[36] 우주항공청을 과기정통부 산하 외청으로
설립하고, 국가우주위원회 위원장을 대통령으로 격상하는
거버넌스의 변화를 통해 우주항공청은 명확한 법적 근거를
바탕으로 한국의 우주정책을 이끄는 핵심 기관으로 자리 잡았다.
그리고 한국항공우주연구원과 한국천문연구원KASI 등 주요
연구 기관도 우주항공청 산하로 이관되어 연구개발 기능이
통합되었다.

　　우주 기관 설립은 국가 차원에서 우주기술 개발과 경쟁력을
강화하기 위한 중요한 정책 이슈였으며, 기관의 입지 선정은
국가적 관점뿐 아니라 지역 개발의 관점에서도 큰 의미가
있었다. 한국은 우주항공 산업에서의 글로벌 경쟁력을 강화하고
우주경제 실현이라는 국가적 목표를 달성하기 위해 경상남도
사천시에 우주 기관을 설립하기로 하는 정책 결정을 내렸다.
사천을 최종 입지로 선정하는 과정은 우주경제 실현을 위한
기술적, 경제적 고려뿐만 아니라 정치적 논의와 지역 간 경쟁이
얽힌 복합적인 과정이었다.

　　사천 선정의 결정적인 요인은 2022년 대통령 선거 당시
윤석열 후보가 낸 공약이었다. 윤석열 후보는 선거운동
기간에 경상남도 사천을 우주 기관 부지로 내세우며 해당
지역의 항공우주산업 잠재력을 강조했다.[37] 사천에는
한국항공우주산업과 같은 산업 기반이 이미 자리 잡고 있어,
기존 인프라가 우주와 항공 기술의 융합에 최적의 환경을
제공했다. 한국항공우주산업은 한국 항공산업의 중심으로
군용기와 민간 항공기 생산을 주도하고 있으며, 이 외에도 항공
관련 기업들이 이미 지역에 집중되어 있다. 이러한 이유로

36　보도 자료, 「대한민국의 우주강국 도약을 위한 위대한 발걸음을 시작」,
과학기술정보통신부, 2024. 1. 11.

37　「국민의힘 윤석열 사천 유세 "사천에 항공우주청 설치"」, 《경남일보》, 2022.
3. 3.

사천은 항공과 우주 관련 인프라 확장을 위해 추가적인 시간이나 비용이 적게 들 것으로 예상했다. 또한 우주 기관 운영을 지원할 기술 인프라와 숙련된 인력도 이미 확보되어 있어, 사업 시작에 유리한 환경이 조성되어 있었다.[38]

사천을 입지로 선정한 또 다른 중요한 이유는 정부의 지역 균형 발전 정책이었다. 수도권과 비수도권 간의 경제 격차를 해소하고 지역 경제를 활성화하려는 정부의 의지가 사천 선정에 중요한 요인으로 작용했다. 핵심 목표는 수도권에 집중된 산업과 일자리를 비수도권으로 분산하여 지역 경제를 활성화하는 데 있었다. 정부는 사천에 우주 기관을 설립함으로써 경남 지역의 경제성장과 일자리 창출을 유도하고, 이는 국가 차원의 지역 균형 발전에도 기여할 것이라고 보았다. 「우주항공청 설치를 위한 특별법」이 국회를 통과한 직후, 정부는 2024년 5월 말 개청을 목표로, 본격적으로 준비를 시작했다.[39]

윤석열 정부의 우주항공청 최종 입지 결정의 명분은 사천의 항공우주산업 발전 가능성과 지역 경제 활성화 잠재력을 종합적으로 고려한 데 있었다. 특히 경상남도와 사천시는 우주 기관 유치를 위해 지역 내 대규모 인프라 확장 계획을 제시했으며, 이는 정부의 균형 발전 목표를 충족할 것임을 강조했다. 입지 선정 과정에서 또 하나 중요한 고려 사항은 정부가 구상한 삼각형 우주산업 클러스터였다.[40] 한국의 우주산업을 사천(경상남도), 고흥(전라남도), 대전이라는

---

38 Park, Jaehyuk, "Yoon's plan for Korean version of NASA seen as half-baked", *The Korea Times*, 2022. 4. 5.

39 「이종호 장관 "우주항공청 5월 개청 예정 … 입지는 경남 사천"」,《연합뉴스》, 2024. 1. 11.

40 관계 부처 합동, 「우주산업 클러스터 비전 추진계획(안)」, 과학기술정보통신부, 2024.

우주항공청 임시청사 ⓒ 안형준

세 지역으로 특화하여 각각의 지역이 우주산업의 핵심 거점
역할을 맡도록 하는 계획이었다. 이 클러스터 시스템 아래에서,
사천은 항공기 및 우주발사체 제조 등 산업 생산의 중심지
역할을 하며, 고흥은 우주발사체 발사와 관련된 실험 및 운영의
중심지가 되고, 대전은 우주산업의 기초연구와 응용연구를
담당하는 연구개발R&D의 중심지로 설계되었다. 결론적으로
사천에 한국우주항공청KASA을 설립하기로 한 결정은
항공우주산업 진흥에 대한 국가적 의지와 지역 균형 발전에 대한
지역민들의 열망이 정치적으로 반영된 결과였다.

한국 '우주경제' 어젠다의 궁극적 지향점은?

한국이 우주경제를 국가 어젠다의 중심에 두기
위한 여정은 기술 발전, 경제성장, 그리고 정치적

115

열망이 복합적으로 얽힌 중대한 전환을 의미한다. 1980년대 초 한국의 초기 우주개발 프로그램부터 최근 우주정책 2.0 아래에서 설정된 전략적 목표에 이르기까지, 한국은 우주 혁신을 국가 정체성, 경쟁력, 그리고 장기적인 경제 비전과 연계하는 길을 걸어왔다. 한국의 우주정책은 단순한 기술 개발을 넘어 사회적, 경제적, 정치적 동인들이 결합한 결과임을 알 수 있다. 이러한 정책 방향은 글로벌 불확실성과 지정학적 변화 속에서 경제 안보를 확보하려는 한국의 국가적 의지를 담고 있으며, 2045년까지 한국을 우주개발 선도국으로 만들겠다는 정부의 비전은 기술혁신, 경제 리더십, 국가적 자부심이라는 집단적 열망을 반영한다.

지난 10여 년간 한국의 우주정책은 단순한 기술 개발을 넘어, 우주를 경제성장의 핵심 동력으로 삼는 포괄적 전략으로 진화해 왔다. 이 전환은 과학기술의 진보뿐 아니라 경제 및 안보 분야에서도 우주를 전략적으로 활용하려는 한국의 의지를 보여준다. 한국은 경제, 기술, 안보라는 다양한 요인을 종합적으로 고려하여 국가적 특수성을 반영한 전략을 선택했다. 이러한 관점에서 한국의 우주경제 정책 어젠다의 발전은 다음과 같은 특성이 있다고 정리할 수 있다.

첫째, 경제 전략, 기술 전략과 국가 안보의 통합이다. 한국의 우주정책은 단순히 기술적 진보에 국한되지 않고, 경제 안보와 기술 주권이라는 국가 전략과 깊이 연계되어 있다. 특히 2021년 한미 미사일 지침 해제는 중요한 전환점이었다. 이 조치로 인해 한국은 외부 규제 없이 독자적인 우주발사체를 개발할 수 있게 되었으며, 이에 따라 고체연료 발사체 개발이 가능해졌다. 이로써 한국은 방위산업과 민간 우주산업 양쪽에서 이중 용도의 기술적 역량을 확보할 수 있었다. 고체연료 발사체의 성공적인 개발은 한국의 우주 역량 확대의 이정표가

되었으며, 우주기술을 국가 안보와 경제 전략에 통합하려는
의지를 보여준다. 이러한 접근법은 특히 2019년 일본의 반도체
핵심 소재 수출 규제와 2022년 러시아-우크라이나 전쟁으로
인한 도요샛 발사 지연과 같은 글로벌 공급망 위기를 통해 더
강조되었다. 이러한 사건들은 글로벌 공급망 충격에 대한 한국
산업의 취약성을 드러냈으며, 우주를 포함한 전략 산업에서 자립
능력 확보의 필요성을 각인했다.

　　둘째, 지역 균형 발전 전략의 추진이다. 한국 우주경제
전략의 또 다른 특징은 지역 균형 발전을 핵심 목표로 삼았다는
점이다. 이는 다른 주요 우주개발 국가들과 차별화되는
접근 방식이다. 사천에 한국우주항공청을 설립하기로 한
결정은 단순히 기술적 이유뿐만 아니라, 수도권 집중 해소와
지역 경제 활성화를 위한 전략적 선택이었다. 사천은 이미
한국항공우주산업 등 항공우주산업 기반이 마련된 지역으로,
기존 인프라를 활용할 수 있는 장점이 있었다. 정부는 이와 같은
지역 인프라를 활용함으로써 우주청 설립 비용을 최소화하면서,
수도권에 집중된 산업과 일자리를 지방으로 분산하여 지역
불균형을 해소하려는 목표를 달성할 수 있었다. 이러한 지역
발전 전략은 우주정책을 단순한 국가 차원의 프로젝트가 아니라,
지역 경제 활성화를 위한 도구로 활용하려는 전략으로 볼 수
있다.

　　셋째, 민관협력의 강조다. 글로벌 우주경제에서 민간 기업의
참여가 확대되는 추세 속에서, 한국은 민관협력을 정책의 핵심
축으로 삼았다. 정부는 민간 기업의 참여를 촉진하기 위해
정책적 지원을 강화하고, 진입 장벽을 낮추는 데 주력하고 있다.
특히 '우주정책 2.0'을 통해 정부 주도에서 민간 주도로의 전환을
추진하며, 민간 기업들이 위성 제작, 우주 서비스,
탐사 프로젝트를 주도할 수 있도록 장려하고 있다.

이는 정부가 단순한 규제자가 아니라 조력자와 투자자 역할을 하는 전략적 변화이다. 이를 통해 민간 기업들이 독자적인 우주 생태계를 구축할 수 있는 환경을 조성하고, 기술혁신과 상업화를 촉진하고자 한다.

넷째, 한국 우주경제의 또 다른 특징은 제4차 산업혁명4IR 기술과의 긴밀한 연계성이다. 한국은 우주산업을 인공지능AI, 빅데이터, 로봇공학, 사물인터넷IoT 등 첨단 기술을 통합 적용할 수 있는 전략적 영역으로 인식하고 있다. 이러한 기술들은 위성통신, 지구 관측, 우주탐사 등의 효율성과 역량을 획기적으로 개선할 수 있는 잠재력을 가지고 있다. 정부는 4IR 기술을 우주정책에 적극적으로 활용함으로써 기술적 경쟁력을 확보하고, 미래산업의 성장 가능성을 극대화하려는 전략을 추진하고 있다. 이는 단순히 기술적 진보를 넘어서, 우주산업과 전체 경제 생태계의 시너지를 창출하려는 포괄적 접근을 보여준다.

결론적으로 한국 우주정책의 특징은 우주를 경제성장과 국가 회복력의 촉매로 인식한다는 데 있다. 산업 발전, 안보 정책, 국제적 위상을 유기적으로 결합하여 우주를 국가 전략의 핵심 영역으로 설정했다. 특히 민간과 국방 분야를 분리하지 않고 통합된 경제 비전으로 접근하는 점은 다른 국가들과 차별화되는 요소다. 이러한 정책 방향은 단순한 기술 개발이 아닌 자립성, 기술 발전, 미래 경제 전략이라는 내러티브를 담고 있으며, 이는 단순한 R&D 차원을 넘어선다. 달과 화성 탐사를 향한 국가 로드맵을 통해, 한국은 장기적 전략 자율성을 확보하고 글로벌 우주산업에서 리더십을 발휘하려는 의지를 보여준다. 한국우주항공청의 설립과 우주 거버넌스 재편은 이러한 비전을 제도화하는 중요한 발걸음이었다.

한국의 우주경제 전략은 기술적 야망과 사회정치적 서사가 결합한 독창적인 모델이다. 사회 기술적 상상력에 기반하여 국가 발전의 비전과 일치하며, 심우주 탐사, 방위 우주 역량, 민간 주도 생태계 구축을 통해 한국은 단순한 기술 강국을 넘어, 글로벌 우주경제의 흐름을 선도할 수 있는 경제 강국으로 자리매김하려 하고 있다. 이러한 전략은 한국의 정책 결정 과정에 깊이 내재해 있으며, 우주경제를 국가 성장의 새로운 축으로 삼으려는 의지를 뒷받침한다.

* 이 글은 출간 예정인 The Oxford Handbook on the "New" Space Economy의 "Socio-Technical Analysis of Korea's Space Economy Transition" 내용 일부를 바탕으로 다시 쓴 것임.

참고 문헌

단행본

Baber, W. W., and A. Ojala, "New Space Era: Characteristics of the New Space Industry Landscape", *Space Business*(Singapore: Palgrave Macmillan, 2024).

OECD, *OECD Handbook on Measuring the Space Economy* 2nd edn(Paris: OECD Publishing, 2022).

Paladini, Stefano, "The Business of Space", *The New Frontiers of Space*(Cham: Palgrave Macmillan, 2019), pp. 43-74.

Punnala, Madhava, Sireesha Punnala, Aki Ojala, and Heikki Kuusniemi, "The Space Economy: Review of the Current Status and Future Prospects", *Space Business*(Singapore: Palgrave Macmillan, 2024).

Schmidt, Nikola ed., *Governance of Emerging Space Challenges: The Benefits of a Responsible Cosmopolitan State Policy*(Springer, 2022).

논문·보고서

노현석, 차두현, 홍상화, 「한미 미사일지침 개정과 한국의 국방력 발전 방향」, 아산리포트, 아산정책연구원, 2023.

안형준 외, 「뉴스페이스(New Space) 시대, 국내우주산업 현황 진단과 정책대응」, 과학기술정책연구원, 2019.

안형준 외, 「우주경제 실현을 위한 민간주도 우주개발 가속화 방안」, 과학기술정책연구원, 2023.

안형준 외, 「우주개발 확대에 따른 국가우주개발 거버넌스 개편 방안」, 과학기술정책연구원, 2022.

안형준 외, 「혁신성과 제고를 위한 정부 R&D제도 개선방안: 제4권 민관협력 기반 성과 창출을 위한 R&D제도 개선방안(우주개발 분야를 중심으로)」, 과학기술정책연구원, 2020.

안형준 외, 「뉴스페이스 시대, 우주산업 경쟁력 제고를 위한 민관협력 확대 방안」, STEPI Insight 273, 과학기술정책연구원, 2021.

이현익, 안형준, 「국가우주혁신시스템 단계별 항공·우주 정책 전략 수립에 관한 탐색적 연구」, 2025년도 한국항공우주학회 춘계학술대회, 2025. 4. 3.

홍건식,「미중 전략경쟁과 한미 미사일 지침 종료」, 이슈브리프 270호,
　　　국가안보전략연구원, 2021.

An, Hyoung Joon, "National Aspirations, Imagined Futures, and Space
　　　Exploration: The Origin and Development of Korean Space
　　　Program 1958-2013"(doctoral thesis, Georgia Institute of
　　　Technology, 2015).

An, Hyoung Joon, "South Korea's Space Program", *Asia Policy* vol. 15,
　　　no. 2(2020), pp. 34-42.

Goodman, Samuel M., Dan Kim, and John VerWey, "The South
　　　Korea-Japan Trade Dispute in Context: Semiconductor
　　　Manufacturing, Chemicals, and Concentrated Supply Chains",
　　　United States International Trade Commission, 2019.

Kim, Dongsoo, "From Dependence to Partnership: Korea's Quest for
　　　Supply Chain Stability in Critical Mineral Resources", *KIET
　　　Monthly Industrial Economics* 305(2024).

Kim, Younkyoo, "The Rare Earth Element Supply Chain: South Korea's
　　　Position and Strategy", EAF Policy Debates, East Asia
　　　Foundation, 2022.

Lee, Seungjoo, and Shin, Sangwoo, "Evolution and Dynamics of the
　　　Space Industry in South Korea", *Asie.Visions* 137(Paris: Ifri,
　　　2024).

Maizland, Lindsay, "The Japan-South Korea Trade Dispute: What to
　　　Know", Council on Foreign Relations, 2019.

Makioka, Ryo, and Zhang, Hongyong, "The Impact of Export Controls
　　　on International Trade: Evidence from the Japan-Korea Trade
　　　Dispute in Semiconductor Industry", *Journal of the Japanese
　　　and International Economies* 74(2024).

Panda, Ankit, "Solid Ambitions: The U.S.-South Korea Missile
　　　Guidelines and Space Launchers", Carnegie Endowment for
　　　International Peace, 2020.

Schwab, Klaus, "The Fourth Industrial Revolution: What It Means, How
　　　to Respond", World Economic Forum, 2016.

뉴스

「국민의힘 윤석열 사천 유세 "사천에 항공우주청 설치"」,《경남일보》, 2022. 3. 3.

「이종호 장관 "우주항공청 5월 개청 예정 … 입지는 경남 사천"」,《연합뉴스》,
2024. 1. 11.

Hitchens, Theresa, "Commerce Eases Satellite Exports to MTCR
Partners; South Korea a Key Focus", *Breaking Defense*,
2023. 3. 16.

Park, Jaehyuk, "Yoon's plan for Korean version of NASA seen as half-
baked", *The Korea Times*, 2022. 4. 5.

Rainbow, Jessica, "Buckle Up, It Could Get Bumpy: The Space
Economy's Vaunted Resilience Will Be Tested in 2023",
SpaceNew, 2023. 1. 24.

기타

국민의힘, 제20대 대통령선거 대선공약집, 2022. 1. 14.

더불어민주당, 제20대 대통령선거 정책공약집, 2022. 2. 22.

국회예산정책처, 「4차 산업혁명 대비 미래산업 정책 분석: 제1권 총론,
4차 산업혁명과 정책 대응」, 2017.

보도 자료, 「대한민국의 우주강국 도약을 위한 위대한 발걸음을 시작」,
과학기술정보통신부, 2024. 1. 11.

관계 부처 합동, 「제4차 우주개발진흥기본계획(2023~2027)」,
과학기술정보통신부, 2022.

관계 부처 합동, 「우주산업 클러스터 비전 추진계획(안)」, 과학기술정보통신부,
2024.

대한민국정책브리핑, 「2045년까지 우주항공 5대 강국 진입 …
첫 국가우주위원회 개최」, 2024. 5. 30.

대한민국정책브리핑, 「대통령직속 4차산업혁명위원회 출범」, 2017. 9. 26.,
https://www.korea.kr/briefing/policyBriefingView.do?news
Id=148843105

대한민국정책브리핑, 「디지털 뉴딜, 코로나 이후 디지털 대전환을 선도합니다」,
2020. 7. 15., https://www.korea.kr/briefing/pressReleaseVie
w.do?newsId=156401244

대한민국정책브리핑, 「윤 대통령 "2032년 달 착륙·채굴 … 광복 100주년
2045년 화성 착륙"」, 2022. 11. 28., https://www.korea.kr/
news/policyNewsView.do?newsId=148908812

불멸과 우주, 새로운 인류의 조건 — 러시아 우주론에서 건담의 뉴타입까지, 포스트휴먼의 계보

최진석

최진석

문학평론가. 서울대 노어노문학과를 졸업하고
동 대학원에서 근대비평사 연구로 석사 학위를,
러시아인문학대학교에서 문화학 박사 학위를 취득했으며
현재는 서울과학기술대학교 문예창작학과 교수로
재직 중이다. 2015년《문학동네》로 등단하여 2023년
젊은평론가상을 수상했다. 주요 저서로『사건의 시학:
감응하는 시와 예술』,『사건과 형식: 소설과 비평,
반시대적 글쓰기』,『불가능성의 인문학: 휴머니즘
이후의 문화와 정치』,『감응의 정치학: 코뮌주의와
혁명』,『민중과 그로테스크의 문화정치학: 미하일
바흐친과 생성의 사유』등이 있다. 그리고『누가 들뢰즈와
가타리를 두려워하는가?』,『해체와 파괴』,『레닌과 미래의
혁명』(공역),『러시아 문화사 강의』(공역) 등을 옮겼다.

필멸하는 존재인 인류는 오랜 시간 동안 불멸에 대한 욕망을
추구해 왔다. 필멸이라는 인간의 존재 조건은 일반적으로 지구
생활자로서 정립되어 온 인간성에 뿌리를 두고 있다. 그렇기에
과거부터 오늘날까지 우주를 불멸에 대한 실현 공간으로서
탐구해 온 것이다. 이 글에서는 이성과 정신의 우월성으로
정의되어 온 전통적 인간성, 또는 인간의 존재 조건을 '지구적
아르케arche'라 명명하고자 한다. 지구적 아르케는 동시에 지구
바깥에 대한 상상력의 부재나 무능으로 인한 근대 존재론의
한계를 뜻한다.

지구적 아르케를 넘어서기 위한 시도로서 우리는 어떻게
우주를 주목해 왔을까? 또 앞으로 어떻게 상상해 나갈 수
있을까? 이 글은 먼저 우리가 우주를 탐구해 온 사유의
궤적을 되짚어 보기 위해 러시아 우주론 철학자 니콜라이
표도로프의 부활 사상과 영생의 과학을 검토하고자 한다.
그리고 이를 계승한 트랜스휴머니즘의 사상적 기반과 기술적
전망을 고찰하고, 인간 정체성의 본질적 전환을 모색하는
포스트휴머니즘을 분석하고자 한다. 불멸에 대한 추구는 지구
중심의 인간 존재 조건을 넘어서려는 오늘날 '포스트휴먼'
개념과 무관하지 않을 것이기 때문이다.

마지막으로 이러한 논의가 현대의 문화 콘텐츠, 특히
애니메이션 「기동전사 건담」 시리즈에서 어떻게 구현되는지
살펴볼 것이다. 「기동전사 건담」의 '뉴타입'은 우주라는 특수한
환경에서 인식과 감각 능력이 진화된 초월적 존재로서 지구적
인간성과의 단절을 상징하며, 「건담 SEED」의 '코디네이터'는
유전자 조작으로 생성된 초인적 존재로서 인간 이후의
형상으로 제시된다. 아울러 「건담 수성의 마녀」에서는
복제인간이 자기의식을 획득하고 공동체와의 공존을
모색함으로써, 비인간 포스트휴먼의 존재론이 보다

윤리적이며 현실적인 차원으로 확장되는 여정을 보여준다. 이와 같은 분석을 통해 본 글은 불멸과 우주, 그리고 인간을 넘어선 존재에 대한 상상력으로 지구와 근대, 인간성의 아르케를 해체하고, 탈지구적, 비인간적 존재를 사유하는 인문학적 전환의 가능성을 제시하려 한다.

불멸과 우주, 혹은 지구를 넘어서

1924년 1월 22일 오전 6시, 모스크바의 라디오 방송은 레닌의 사망 소식을 공식적으로 전했다. 이에 소련공산당 중앙위원회는 장례위원회를 조직하여 신속히 그의 시신을 영구 보존하기로 결정했다. 해부학자 블라디미르 보로비요프의 지휘로 레닌의 시신에서 혈액이 제거되었고, 포르말린 등 화학제 주입을 통해 미라 제작이 시작되었다. 고대 이집트에서부터 내려온 엠버밍 장법은 시신의 외형을 최대한 유지하면서 생전의 모습을 남겨두는 방법이었다.[1] 그즈음 붉은광장에 설치된 임시 묘지 인근은 전국에서 올라온 수많은 참배객으로 인산인해를 이루었고, 8월 1일부터는 관람 시간과 참배 요령에 관한 규칙들이 공포되었다. 동시에 혁명 영웅이자 공산주의의 건설자를 기리기 위한 묘소 디자인 공모전이 전 세계적 규모로 열렸고, 여러 모델이 경합을 벌이다가 알렉세이 슈세프의 석재 묘 구상이 최종 선정되었다.[2] 그리고 마침내 1929년, 오늘날에도 볼 수 있는 레닌 묘소가 완성된다.

죽은 자를 미라화하여 보존하고 전시하는 기묘한 광경이 공산주의 체제에서 추진되었다는 점은 아이러니하다. 실제로

---

[1] Ilya Zbarsky and Samuel Hutchinson, *Lenin's Embalmers* (The Harvill Press, 1999), pp. 77-115.

[2] 김상현, 『레닌묘: 상징의 건축, 기억의 정치』(민속원, 2017), 124-129쪽.

레닌의 사망 당시 어떤 장례를 치를 것인지에 관한 논의가
분분했고, 미라화에 대해서는 가족과 당원들의 반대가
격렬했다.[3] 그럼에도 미라화가 강행되고 묘지의 기념비화 및
참배의 연례화가 진행되었다는 사실은 다양한 정치적 추정을
낳았다. 그것이 어떤 것이든 레닌의 묘소는 분명 지난 세기가
이데올로기의 시대였음을 보여준다. 하지만 간과해서는 안
될 지점이 있다. 이 같은 의례가 기대고 있는 (무)의식적
기제, 단도직입적으로 말해 불멸에 대한 욕망이 그것이다.[4]
현실의 정치적 영웅이 죽음 이후에도 현재 세대를 영원히
이끌어주리라는 희망, 달리 말해 현재 세대 역시 영원한 삶을
누릴 수 있으리라는 바람이 여기 있다.

불멸에 대한 욕망은 조건을 수반한다. 영원한 생명은
지금-여기와는 구별되는 다른 세계에서 실현될 꿈이라는 것.
인류사에서 그런 사례는 무수히 많다. 예컨대 진시황의 명령으로
서복이 어린 남녀 수천 명과 함께 중국 동쪽으로 떠났을 때, 그가
찾고자 했던 것은 비단 불로초만은 아니었다. 삼신산三神山으로
일컬어지는 바다 너머의 영산은 영원한 삶을 약속하는
신세계였다. 또한 서양 중세의 천년왕국 운동 역시 봉건제의
폭압에 맞서 농민들이 신세계를 건설하려던 사회운동이었다.
이는 근대 혁명의 역사와 잇닿으며 공산주의적 미래를 꿈꾸게
했다. 다만 이 모든 시도는 현세에서 여지없이 실패했고, 신화나
전설, 문학적 상상을 통해서만 형상화되었다.

이 세계 너머에 있는 불멸의 영토, 그것의 현대적 판본은
우주이다. 근대의 이상향이 섬이었다면, 근대 너머를 추구하는

---

3 올라프 라더, 김희상 옮김, 『사자와 권력: 알렉산더 대왕에서 레닌에 이르기까지
무덤에 얽힌 권력의 역사』(작가정신, 2004), 364쪽.

4 불멸하는 레닌에 대한 숭배는 공산주의와 인류사 전체를 관통하는 욕망을
보여준다. Нина Тумаркин, *Ленин жив! Культ Ленина в советской
России*(Академический проект, 1997), pp. 238-239.

이상향은 우주를 향한다. 즉 유토피아 문학이 고립된 미지의
섬으로 형상화되었다면, 현대의 SF문학은 지구 바깥의 세상
곧 활짝 열린 우주로 시선을 돌렸다.[5] 지금-여기로 표지되는
지구적 삶이 유한성과 필멸로 묶여있다면, 저 너머를 가리키는
우주적 생명은 무한성과 불멸을 향해 열려있다. 따라서 우주적
상상력은 새로운 세계와 영원한 생명의 가능성을 타진하는
사유의 거점이 된다. 다른 한편으로 우주와 불멸이라는 주제는
그것을 향유할 주체가 누구인지 필연코 묻게 되어있다. 근대인이
지금-여기의 나-우리를 뜻한다면, 우주와 불멸의 주체는 근대
이후의 또 다른 존재일 것이다. 그것은 근대적 인간의 경계 또는
그 바깥으로부터 탐문될 수 있는 존재가 아닐까? 우리는 근대의
인간학 즉 휴머니즘이 끝난 자리에서 우주적 비인간학, 또는
포스트휴먼Posthuman이 개시되는 장면을 주시해야 한다.

　'인간 이후' 혹은 '너머의 존재'로서 포스트휴먼은 인간의
발전적 변형에 그치지 않는다. 그것은 근대 이래 최고의
존재자를 자임해 온 인간성 바깥의 낯선 존재 양태에 가깝다.[6]
이성을 통해 지구를 장악해 온 인간은, 역설적으로 지구에
갇힌 존재자이다. 인간의 우월성은 지구 내에서만 통용되는
자부심이자 권리였고, 이는 인간이 지구 바깥을 제대로 만나본
적도 없고, 사유해 본 적도 없음을 방증한다. 지구의 아르케,
지구라는 근본 원리는 근대적 인간성의 생물적이고 물리적인
토대인 동시에 문화적이며 철학적인 토대였다. 그렇다면 지구의
바깥, 즉 우주가 삶과 사유, 상상력의 바탕이 되는 조건에서
인간은 어떤 변화를 겪을 것인가? 지구라는 아르케 너머,
안-아르케an-arche로서의 우주는 생명의 유한성과 인식 및 감각의

5　마거릿 애트우드, 양미래 옮김, 『나는 왜 SF를 쓰는가』(민음사,
2021), 111-123쪽.

6　로지 브라이도티, 김재희 외 옮김, 『포스트휴먼 지식』(아카넷,
2022), 91-99쪽.

한계 너머를 어떻게 열어젖힐까? 포스트휴먼의 문제의식이 지구적 인간의 존재론적 전환으로 사유되는 지점이다.

　포스트휴먼이 인간 이후 혹은 인간 너머의 존재를 가리킨다면, 그것은 필연적으로 지구적 토대를 넘어설 때 생겨나는 무엇이리라. 불멸과 우주는 이처럼 지구라는 환경을 벗어남으로써 나타나는 (비)인간적 생성의 조건이 아닐 수 없다.[7] 탈근대조차 아득히 멀어진 우리 시대에, 탈지구와 탈인간의 낯선 형상은 어떤 것일지 함께 모색해 보도록 하자.

러시아 우주론, 부활과 영생의 과학

　불멸, 즉 영원한 삶에 대한 욕망은 일견 인간의 생물학적 조건에 대한 무지나 우매함에서 비롯된 망상처럼 보이지만, 과학에 대한 신뢰와 이를 구현하는 기술 발전이 낙관적으로 전망되던 한 세기 전에는 전혀 불가능해 보이는 일이 아니었다. 예컨대 볼셰비키의 기술 공학자이자 정치가였던 레오니트 크라신 Леонид Красин, 1870~1926은 사망한 레닌을 냉동하면 미래의 어느 시점에서 소생시킬 수 있다고 믿었다. 그것은 말 그대로의 부활, 곧 육신의 재생을 뜻했다.[8] 크라신은 당시

---

[7]　크로포트킨은 우주에는 중심이 없고 행성 간의 위계도 없으며 모든 존재는 물질의 총합이자 운동의 합력임을 강조했다. 지구의 아르케를 넘어서 우주적 안-아르케의 사유를 검토하는 우리의 논지는 이에 기초해 있다. Peter Kropotkin, "Anarchism: Its Philosophy and Ideal", *Anarchism. A Collection of Revolutionary Writings* (Dover Publications, INC., 2002), 117~118쪽.

[8]　존 그레이, 김승진 옮김,『불멸화 위원회 ― 유령과 볼셰비키, 그리고 죽음을 극복하려는 이상한 시도』(이후, 2012), 185쪽.
죽은 자의 신체를 보존하여 미래에 소생시킨다는 관념은 18세기부터 나타났다. 가령 1773년 벤저민 프랭클린은 물에 빠져 죽은 사람을 먼 훗날 살려낼 수 있는 미라 제조 방법에 대해 언급했으며, 이는 1862년 프랑스 작가 에드몽 아부의「망가진 귀를 가진 사나이」에서 구체화되었다. 시신의 냉동 보존이 기술적으로 가능해진 것은 20세기 후반의 일이다. 로버트 에틴거, 문은실 옮김, 『냉동 인간』(김영사, 2011), 8쪽, 18쪽.

건신주의자建神主意者라 불리던 집단에 속했는데, 그들은
'괴짜' 철학자로 존경받던 니콜라이 표도로프Николай Федоров,
1829~1903의 사상에 깊이 감화되어 있었다.

당대의 철학과 과학 등 다방면에서 독학자적 기질을 보인
표도로프는 생전에 많은 글을 발표하지는 않았다. 그의 주저는
사후에나 편찬되었는데, 총 3부로 기획되어 1906년에 1부가,
1913년에 2부가 간행된『공통 과제의 철학Философия общего
дела』이 그것이다(3부는 미간행.). 그의 저작은 급변하는 혁명
정국에서 큰 호응을 얻지 못했지만, 동시대의 철학과 신학, 문화
예술계와 소련 시대의 기술 공학계 전반에 영향을 주었다고
평가된다. 특히 우주론과 불멸 및 부활의 사상이 그 중심에 있다.

'새로운 과학'은 표도로프 사상의 출발점이었다. 그에 따르면
17~18세기의 근대과학은 분석론에 치중해 물질을 최소한의
구성 요소로 분해하는 데 집중했을 뿐 그것이 어떤 식으로 다시
종합되는지, 종합의 귀결이 무엇인지에 관해서는 큰 관심을
두지 않았다. 관찰과 분석의 대상에 머물렀던 자연은 인간 앞에
막연히 놓여있었고, 어떻게 사용될지 알지 못한 채 방기되었다는
것이다. 단순히 뜯고 나누는 데 한정된 자연 탐구는 순전한
'지식'의 단계에 불과하며, '과제'로서 인간에게 주어진 것이
아니다. 지식은 과제로서 인간에게 제시되어야 하고, 새로운
과학은 이로부터 탄생한다. 이는 자연을 인간에게 친숙한
대상으로 만드는 일이자 완전히 정복하는 일이다. 분석에서
종합을 향한 이 도정은 이성적 존재자인 인간 의식을 십분
활용하여 자연을 전적으로 변형하는 것, 즉 완전히 지배하는
것을 뜻한다.

재생регуляция은 이 같은 자연 변형을 가리키는 용어로, 신에
이어 인간에 의한 세계 창조를 의미한다. 생물학적
진화가 본능적이고 수동적 과정이라면, 재생은

자연에 이성과 도덕 의지를 주입하여 완전히 소유하는 것이다. 이는 19세기 후반의 과학주의적 신념을 반영한 것이다. 예를 들어 1891년 가뭄과 폭우로 막대한 피해가 발생했을 때, 그는 피뢰침으로 뇌우와 비를 막아야 한다던 바실리 카라진에게 큰 영감을 받았다. 동 시기 미국에서 인공강우 실험이 벌어졌는데, 발명을 통해 자연을 통제해야 한다는 표도로프의 주장은 이런 점들에 영향을 받은 것이었다.[9] 낱낱의 파편화된 지식을 종합하여 하나의 목적을 위해 사용할 필요가 있고, 이는 지구에 대한 인간의 통제와 경영을 뜻했다. '공통 과제의 철학'이란 이러한 인류사적 거대 기획에 다름 아니다.

인류의 보편적 부활은 이 기획이 지닌 가장 놀라운 야심이었다. 이는 죽은 자가 살아나 산 자와 함께 살아가는 세계의 창조를 말한다. 표도로프는 인류를 괴롭혀 온 가장 커다란 질문이 "왜 산 자는 고통받고 죽은 자는 부활하지 못하는가?"에 있다고 생각했다. 유한한 존재자로서 인간은 죽음을 불가결한 조건으로 받아들이지만, 놀랍게도 죽음은 불가피한 운명이 아니다. 오히려 발전한 과학기술에 따라 인류의 영원불멸을 기획하고 실천해야 할 시기가 도래했다.

죽음이 신체의 분석, 즉 유기물을 무기물로 분해하고 나누는 것이라면, 삶은 그 반대의 과정 곧 흩어진 입자를 모아들여 새로운 분자적 상태로 종합하는 것이다. 만일 살아있는 신체의 완벽한 조성을 알게 된다면, 이를 역산하여 죽은 자를 재조합하고 부활시킬 수 있을 것이다. 산 자의 유전적 구조(코드)를 활용해 죽은 자를 복원하는 것은, 아들을 통해 아버지를 살리고, 아버지를 통해 할아버지를 살려낼 수 있음을

시사한다.[10] 이렇게 부활은 후손에서 선조를 향해 역전적 경로로 수행되는 재생의 대기획이다.

표도로프는 죽었던 모든 사람의 부활을 목표로 삼고, 그로써 산 자와 죽은 자 모두가 영생을 누릴 수 있다고 믿었다. 이런 구상은 역사상의 모든 세대가 전부 부활한다면 비좁은 지구에서 어떻게 다 같이 살 수 있느냐는 질문에 답해야 했다. 부활과 불멸이 우주론을 요청하는 까닭이 여기 있다. 영생의 조건은 지구에만 한정되지 않는다. 우주는 부활한 인류가 영원히 거주할 또 다른 공간이다. 이렇게 지구에 대한 지배와 경영은 우주로의 진출과 지배 및 경영을 노정한다.

> 지금까지 의식과 이성, 윤리는 지구라는 행성에 국한되어
> 있었지만, 지상에 거주했던 모든 세대의 부활을 통해 의식은
> 우주의 모든 세계로 퍼져나갈 것이다. 부활은 혼돈으로부터
> 우주를 향한 변형이며, 부패하지도 않고 파괴되지도 않는
> 축복을 향한 이행이다.[11]

부활과 불멸, 우주를 향한 표도로프의 사상은 신비스럽고 난해하며 러시아 종교철학을 배경으로 삼기에 까다로운 독해를 요구한다. 더구나 실증주의 과학관이 지배적이던 19세기 말부터 20세기 초엽의 세계에서 당대의 한계를 훌쩍 벗어난 이런 논리가 수긍되기는 쉽지 않았다. 과학과 인간에 대한 신봉 및 그 능력에 대한 신뢰가 팽배하던 시대에도 지구 중심적인 아르케를 벗어나려는 그의 사상은 쉽게 용납될 수 없는 것이었다. 극단적 과학주의를 통해 신체의 재생과 영생의 도모, 우주 진출의

---

10 문준일, 「러시아 우주론과 니콜라이 표도로프의 불멸사상」, 『인문사회 21』 12권 1호(2008), 2813쪽.

11 Николай Федоров, *Сочинения*(Мысль, 1982), p. 565.

가능성을 타진했던 표도로프의 사상은 이후 소련의 과학계와
지성계에 은밀한 영감의 원천이 되었다. 러시아 우주 시대의
개척자 콘스탄틴 치올콥스키 Константин Циолковский, 1857~1935나,
생명권과 정신권, 우주권의 물활론을 펼쳤던 블라디미르
베르나츠키 Владимир Вернадский, 1863~1945 등이 대표적인
사례이다.[12]

러시아 우주론에서 영생과 불멸의 존재자로 지목된 새로운
인간 형상에 주의를 기울여 보자. '세계인'이자 '우주인'으로
표상되는 저 형상을 문자 그대로 이해할 필요는 없다. 하지만
질병과 고통, 죽음으로부터 면제된 새로운 존재가 유한성과
필멸로 규정되었던 과거의 인간 '이상' 또는 '이후'의 형상이라는
점은 분명하다. 존재론적으로 진일보한 인간, 신체와 정신에서
강화된 능력을 갖춘 저 형상에서 트랜스휴먼이나 포스트휴먼의
전조를 엿보는 것은 전혀 이상한 노릇이 아니다.

트랜스휴먼과 포스트휴먼, 그 너머

트랜스휴머니즘은 인간의 신체와 지적 능력을 강화함으로써
자연적 존재자의 한계 및 약점을 극복하려는 사상이자 운동이다.
그 출발점은 1923년 영국의 유전학자 존 홀데인 John Burdon
Sanderson Haldane, 1892~1964의 저서 『다이달로스, 또는 과학과
미래 Daedalus; or, Science and the Future(1924)』로 알려져 있다. 그는
인간이 고도화된 과학기술을 이용할 뿐만 아니라 그와 결합할
가능성도 예견했는데, 이는 동시대인에게 큰 영감과 두려움의

---

12 정규수, 『로켓, 꿈을 쏘다』(갤리온, 2010), 33~38쪽과 박영은, 『러시아 문화와
우주철학』, 2장 2~3절.
러시아 우주개발에 대한 표도로프의 영향은 어디까지나 사상사적 측면에
국한되어 있다. 그럼에도 과학적 상상력의 밑거름으로 그의 사상이 씨앗을
뿌렸다는 점에 대해서는 러시아 지성계에서 대체로 수긍하는 형편이다.

장을 열었다. 1927년 생물학자 줄리언 헉슬리가 자연적 종의
한계를 뛰어넘는 인류를 '트랜스휴먼'이라 불렀던 것도 이로부터
유래한 일이다.

> 원한다면 인류는 자신을 초월할 수 있다. 한편으로 한 개인이,
> 다른 한편으로 또 다른 개인이 자신을 초월할 수 있지만, 인류
> 전체가 그 자신을 초월할 수도 있다. 우리는 이 새로운 믿음에
> 이름을 부여해야 한다. '트랜스휴머니즘'이 적절할 듯하다.
> 인간은 인간으로 남아있겠지만, 인간 본성을 구현하는 새로운
> 가능성을 실현함으로써 자신을 초월할 것이다. [13]

과학과 결합한 인간, 트랜스휴머니즘은 오랫동안 사상적
단초로 남았다가 20세기 후반에서야 구체화된다. 가령
스웨덴 철학자 닉 보스트롬 Nick Bostrom, 1973~ 은 1998년
세계트랜스휴먼협회 WTA, 현재의 Humanity+를 창립한 후
「트랜스휴머니스트 선언」을 발표했다. 이 선언문은 과학과
기술에 힘입은 인간이 노화를 벗어나 수명 연장을 실현할
것이고, 인지적 결함과 신체적 고통에서 해방될 것이며,
마침내 지구적 한계 너머로 나아가리라 전망했다. 이를 위한
정책적 지원이나 인간 존엄성에 대한 존중 및 윤리적 책임도
강조되지만, 핵심은 과학기술과 결합한 인간 잠재성의 확대와
증강에 있다. [14] 인간의 정신과 신체에 과학기술을 내삽하여
자연종 이상으로 향상된 능력을 지닌 새로운 인간을 창출해야
한다는 것이다. 이로써 인간은 영원한 삶 곧 불멸을 꿈꿀 수 있게
되었다. 그럼 이 '새로운 인간'을 어떻게 만들 것인가?

---

13 홍성욱, 『포스트휴먼 오디세이』(휴머니스트, 2019), 43-44쪽에서 재인용.

14 이 선언문은 후일 여러 차례 수정되었다. 선언문과
부가적 정의의 자세한 내용은 이혜영 외, 『트랜스휴머니즘과
포스트휴머니즘』(한국학술정보, 2018), 34-35쪽을 보라.

새로운 인간, 또는 인간 형상의 탈근대적 변형에 관한 개념적
지도는 이미 오래전부터 시도되었다. 특히 이는 인간 외부에
존재하는 기계인 도구를 사용하는 존재로부터, 그와 결합하여
새로운 도구 즉 기계가 된 인간을 상상할 때 더욱 분명해진다.
시계를 사용해 계획을 세우는 인간은 호모파베르Homo
Faber이지만, 시간을 계획하고 그에 따라 일상을 조직하는 인간은
시계-기계와 통합된 시간-기계의 일부이다.[15] 생물학적 존재로서
인간의 신체는 본능과 유전에 지배받지만, 사회 문화적 존재로서
인간은 비인간적인 것과 연결되고 통합됨으로써 또 다른 기계의
일부가 되어 작동한다. 산업혁명 이후 과학과 기술의 발전은 그
발판이 되었고, 이는 20세기에 접어들며 더욱 비약적인 성과를
나타냈다. 트랜스휴머니즘은 이 같은 인간 진화의 기계론적
모델에 해당하며 불멸이나 영생, 우주로의 진출은 이렇게 진화된
인간 존재를 위한 새로운 시공간적 상상력의 조건이다.[16] 하지만
단순히 기계와의 외적이고 도구적인 결합으로 지구적 인간의
아르케를 벗어날 수는 없을 것이다. 그 이상을 엿보려는 시도
역시 꾸준히 제기되었는데, 생물 고유의 신경망이나 정신 조직의
완전한 기계화에 대한 도전이 그렇다.

1982년 기계로 제작한 프로스테시스prosthesis, 보철물를 근육에
연결하고 전기적 자극으로 작동하게 만든 스텔락Stelarc의
퍼포먼스는 인간과 기계가 직접 연동하는 고전적 사례이다.[17]

---

15 루이스 멈포드, 유명기 옮김, 『기계의 신화 1』(아카넷, 2013), 481-487쪽.
기계와 인간의 합성에 대한 철학적 이론은 들뢰즈와 가타리의
기계주의(machinism)에 기대는 경우가 많다. 1980년대 이래 과학기술의 발전은
이를 현실화하고 있다. 로버트 페페렐, 이선주 옮김, 『포스트휴먼의 조건』(아카넷,
2017), 237-238쪽.

16 이 점에서 표도로프와 그의 철학은 러시아 트랜스휴머니즘의 사상적 원류로
간주된다. 박영은, 『러시아 문화와 우주철학』, 243-244쪽.

17 앤디 클락, 신상규 옮김, 『내추럴-본 사이보그: 마음, 기술, 그리고 인간
지능의 미래』(아카넷, 2015), 185-190쪽.

이후 외삽적 방식에 따른 인간-기계 연결은 사이보그나
안드로이드 혹은 전자 단말장치의 발명 등으로 확대되었지만,
신경-전자 인터페이스의 직접적 통합 역시 계속 시도 중이다.
외재적 기계는 사용상의 편이에 머물지만, 신경계와 직접 통합된
기계는 자연 존재로서의 인간 자체를 변형한다. 문화 예술적
매체의 사유와 상상력이 적극 동원되는 지점이 여기다.

　　오시이 마모루의 「공각기동대」(1995)가 보여주듯, 인간과
내적으로 통합된 기계는 기능적 차이뿐만 아니라 본성적
차이마저 이끌어낸다. 팔이나 다리 등 신체 일부의 보철화와
달리, 뇌신경과 전자 인터페이스의 통합인 전뇌화電腦化는
인간 정체성과 본성이 더 이상 과거와 동일할 수 없음을
암시한다. '새로운 인간'은 신체 기능의 향상을 넘어 정신적으로
상이하게 형성된 존재, 비인간에 가깝다. 포스트휴먼의 문제
설정은 여기서 생겨난다. 트랜스휴먼이 신체적 강화에 집중한
형상이라면, 포스트휴먼은 외삽적 요소를 넘어서 내적이고
질적인 변이를 통해 규정되는 낯선 존재이다. 20세기 후반의
컴퓨터네트워크 기술과 인터넷 혁명은 상상에 머물던
포스트휴먼이 지금-여기에 도래했음을, 우리 자신이 이미 그런
존재로 변형되고 있음을 방증한다.

> 포스트휴먼이 된다는 것은 우리 신체에 보조 장치를 이식하는
> 것 이상의 의미가 있다. 포스트휴먼이 된다는 것은 인간을 다른
> 종류의 정보 처리 기계, 특히 지능을 가진 컴퓨터와 근본적으로
> 유사한 정보 처리 기계로 생각한다는 뜻이다. … 이제 문제는
> 우리가 포스트휴먼이 될 것인가가 아니다. 포스트휴먼은 이미

도래했다. 문제는 우리가 어떤 포스트휴먼이 되느냐이다.[18]

물론 포스트휴먼이 무엇인지, 그 실존이 충족되기 위한
조건은 어떤 것인지에 관해서는 아직 논쟁이 진행 중이다.[19]
어쩌면 인간의 현존, 인간을 정의해 온 다양한 개념과 조건을
넘어서는 안-아르케적 이월이란 그저 불가능한 꿈일지 모른다.
그러나 탈근대의 과학기술적 조건은 근대적 인간 형상이 더 이상
자기 충족적인 것이 아님을 시사하며, 인간이 마주한 새로운
내적, 외적 조건들을 가시화하고 있다. 그것은 근대의 인간
조건을 벗어난 또 다른 진화의 조건을 질문한다. 지구의 아르케
너머, 우주라는 환경에서 불멸과 새로운 인간을 탐사하기 위해
정리해 보아야 할 점은 다음 두 가지이다.

첫째, 영원한 생명은 신체적 불사와 영혼 불멸이라는
전통적 범주를 넘어 데이터와 그 효과의 지속이라는 관점에서
고찰되어야 한다. 컴퓨터네트워크와 인터넷 통신이 일상화된
최근의 영화와 문학, 애니메이션 등에서 연출되듯, 정신성은
데이터의 형태로 복사되고 전송되며 영구 지속한다. 이때
송수신되는 대상이 개인의 정신 데이터라는 점에 주의해야
한다. 생물학적 재생산이 종 일반의 연속성을 노정한다면, 정신
데이터의 송출은 개체의 영원성에 초점을 둔다. 둘째, 새로운
인간에 대한 상상력은 그 출현의 무대로서 지금-여기와는
단절된 시공간을 요구한다. 예의 우주가 그것이다. 20세기
후반에 격화된 인구 폭발과 자원 고갈, 온난화 등으로 표지되는

18 캐서린 헤일스, 허진 옮김, 『우리는 어떻게 포스트휴먼이 되었는가』(플래닛,
2013), 433-434쪽.
인류사의 첫 장면부터 이미 포스트휴먼적 진전이 시작되었음에 관해서는 최진석,
『불가능성의 인문학: 휴머니즘 이후의 문화와 정치』(문학동네, 2020), 8장을 참고하라.

19 신체와 정신의 무한한 신장과 증강에 기대하는 트랜스휴머니즘과 달리,
포스트휴머니즘은 근대 휴머니즘에 대한 성찰과 반성에 초점을 둔다. 로지
브라이도티, 이경란 옮김, 『포스트휴먼』(아카넷, 2015), 1장.

기후 위기 등은 과학기술 발전과 맞물려 미래의 생존과 지속의 거소로 우주를 지목한다. 흥미롭게도 불멸과 포스트휴먼의 무대로서 우주는 단순히 지구 바깥이라는 물리적 영역을 넘어선다. 우주는 새로운 인간이 생성되기 위한 생태계로 작용하며 인간의 내재적 진화를 위한 조건이다. 우주에서 이루어지는 삶은 지구에서와는 전혀 다른 생활 방식과 적응 능력을 요구한다. 이는 지구와는 상이한 생식과 출산, 양육의 조건을 부과하며, 말 그대로의 우주인 곧 우주에서 나고 자란 낯선 존재를 요청할 것이다. 외형적 유사성이 그를 전통적이고 근대적인 인간과 동일시하게 만들지는 않을 듯하다. 온갖 관념과 상상을 통해 묘사되던 포스트휴먼은 우주적 실존을 통해 구체화될 시간을 기다리는 중이다. 안-아르케의 존재, 그것은 지구의 아르케를 넘어서는, 인간 아닌 인간으로서의 비인간에 해당한다.

이런 논의가 사고실험의 형태로 진행되는 것은 불가피하다. 그럼에도 낡은 지구적 존재자의 패러다임을 해체하고 미지 속에 도래할 새로운 존재를 구상하기 위해서는 필연적인 과정이다.[20] 이를 투영하는 급진적 상상력의 일부를 빌려 그 형상을 전망해 보자.

뉴타입, 혹은 (비)인간적 진화의 우주

"인류가 너무 불어난 인구를 우주로 이민시키게 된 지도 어언 반세기가 지났다." 토미노 요시유키富野由悠季가 1979년에 제작하여 방영한 「기동전사 건담機動戦士ガンダム」은 '건담 사가Gundam Saga'라는 장구한 스페이스오페라의 출발점이었다.

20 프란체스카 페란도, 이지선 외 옮김, 『철학적 포스트휴머니즘』 (아카넷, 2021), 351-352쪽.

앞선 문장은 그 첫 번째 시리즈인 소위 「퍼스트 건담First Gundam」의 1화 첫머리에 나오는 내레이션이다. 미래의 어느 시점에서 인류는 인구 과잉이 된 지구를 떠나 우주에 구축된 거대 인공 도시 '스페이스 콜로니'를 주요한 삶의 거처로 만들어 생활하게 된다.[21] 과학 발전으로 인한 생산 증대와 의료 기술의 고도화 등이 인구를 대폭 증가시킨 것이다. 물론 그 반작용으로 식량과 자원 부족, 공해가 야기한 환경 파괴는 지구를 점차 살기 힘든 행성으로 만들었다. 지구의 높은 거주 비용을 지불할 수 없는 사람들은 우주로 반강제적인 이민을 떠나야 했다. 한마디로 지구의 삶은 유한계급, 상류 지배 엘리트에게만 허락되었다. '콜로니' 즉 식민지는 쾌적하고 풍요로운 삶의 터전이기보다 배제된 자들을 위한 슬럼처럼 인식된다.

건담에서 주요한 서사적 대립을 이루는 '스페이스 노이드spacenoid'와 '어스노이드earthnoid'의 구별은 지구적 사회관계의 우주적 변용처럼 보인다. 하지만 이 대립은 단지 거주 공간과 생활 영역의 차이를 넘어서 건담 사가 전체를 관통하는 문제적 개념을 파생시킨다. '뉴타입new type'이 그것이다. 불멸과 우주, 포스트휴먼을 둘러싼 우리의 질문에 모종의 답변을 제시하는 상상력이 여기에 있다.

지구에서 가장 멀리 떨어진 콜로니 '사이드 3'의 지도자 지온 줌 다이쿤은 우주 식민지의 거주민들이 이등 시민 취급을 당하며 굴욕과 착취 속에 살아가는 것에 반발하여 식민지 자치권과 독립을 주장한다. 인품과 능력을 갖춘 카리스마적 지도자로 형상화된 그는, 그러나 지구와 대립하며 전쟁을 통해 자기의

---

21 건담 사가는 소설과 만화, 애니메이션 등의 여러 판본을 통해 거대한 세계관을 형성해 왔다. 애니메이션으로 구현되지 못한 복잡한 설정 등은 소설과 만화로 보충되었으나, 자주 충돌을 일으키며 독자적 세계관 곧 평행우주적 설정으로 파생되기도 한다('우주세기', '비우주세기' 등.). 우리의 초점은 '뉴타입'의 의미이기에 상기의 출판물들과 The Gundam Wiki 등을 참조해 전체 분위기와 기조를 설명하고 쟁점화하려 한다.

권력을 확보하겠다는 사리사욕적 인물은 아니다. 오히려 그는 지구와 우주 식민지 사이의 불화가 상호 간 소통의 부재에서 기인했음을 깊이 의식하면서 어디에 거주하든 인류가 서로 소통하고 화합하며 살아가야 한다고 역설한다. 이러한 각성의 계기는 우주에서 살아가는 스페이스노이드에게 더욱 절실하고 필연적이기에 그는 "스페이스노이드 안에서 신인류인 '뉴타입'이 나온다."라고 주장했던 것이다.[22] 「퍼스트 건담」은 독자적 생존권을 주장하며 지구로부터 독립을 선언한 스페이스노이드가 일으킨 '1년 전쟁'의 서사로 이루어져 있다. 우리의 논점은 건담 사가의 스토리나 작화의 세부가 아니기에, 뉴타입의 형상에 집중하며 그 개념적 의미를 해석해 보자.

　뉴타입에 대한 일반적인 정의는 '초능력적 자질을 지닌 병사이자 병기'이다. 주인공 아무로 레이는 초반에는 평범한 소년에 불과하지만, 어느 순간부터 외부 세계에 대한 예민한 감각 능력을 발동하고, 이것은 건담을 조종할 때 탁월한 전투 능력으로 계발된다. 15세 소년에 불과한 그가 성인을 뛰어넘는 기량을 보이고, 이는 동년배 중 누구도 흉내 낼 수 없는 것이기에 모두가 그에게 의존할 수밖에 없다. 하지만 기계에 대한 조종 능력만이 뉴타입을 정의하는 것은 아니다. 오히려 초합리적인 차원에서 뉴타입의 특징이 발현된다. 이를테면 전투에 돌입했을 때 적이 내뿜는 살기를 알아채고 미리 우위를 점한다거나, 적기에 탄 파일럿의 목소리를 듣거나 생각을 읽을 수도 있다. 심지어 죽은 사람의 목소리나 생각에 공명하여 소통할 수조차 있으니, 이쯤 되면 뉴타입은 초능력자에 가까울 정도다. 실제로 그에 맞춘

22　타네 키요시, 김현아 외 옮김, 『건담과 일본』(워크라이프, 2017), 24쪽. 다이쿤의 이런 발언은 건담 사가가 형성되며 나중에 덧붙여진 설정이다. 실제 「퍼스트 건담」에서 뉴타입은 전 43화 중 38화부터 등장하며, 모호하게 언급될 뿐이다. 극장판 3부작을 편집하며 처음부터 존재했던 개념으로 삽입되었고, 건담 사가가 만들어지며 점차 중요한 개념으로 부각되었다. 홋타 준지 외, 주재명 옮김, 『건담 UC 증언집』(워크라이프, 2019), 348-349쪽.

전용 모빌슈트도 개발된다는 점에서 뉴타입은 무리한 설정상의
도약을 메우기 위한 '데우스 엑스 마키나'라는 비판도 받는다.[23]

　이제 뉴타입의 발생 조건과 그 지향을 검토해 보자. 우선
뉴타입은 우주에 진출해 살기 시작한 인류가 우주라는 특수한
환경에서 각성하고 발현한 능력이다. 지구에서는 잠재적으로
가졌다 해도 제대로 드러날 수 없었으나, 무중력의 우주공간은
뉴타입 능력을 촉발하여 현실화했다. 다시 말해 우주는 뉴타입이
지구 인간으로부터 한 단계 진화하기 위한 물리적 환경에
해당한다. 우주가 뉴타입의 진정한 고향이라 불리는 이유이다.
또한 뉴타입은 싸이코 웨이브psycho wave라 불리는 특수한
뇌파 활동을 통해 신경 감응을 일으킬 수 있는데, 이는 오감에
갇힌 지구 유기체의 한계를 넘어서는 능력이다. 뉴타입끼리
텔레파시로 소통한다든지, 심지어 죽은 뉴타입과 교신하고
대화할 수 있다는 설정은 지구적 존재자인 인간에게 불가능한
것이다. 뉴타입 능력을 발현하기 시작한 샤아 아즈나블과
아무로가 서로를 인지하는 장면, 타인을 위해 희생한 라라아
슨과 소통하는 장면 등은 초감각 네트워크의 동시 접속이라
부를 만하다. 후일「공각기동대」에서 '광대한 네트워크의
바다'로 표명된 이 거대한 연결의 지평은 현실의 제약 너머로
뻗어나가고, 산 자와 죽은 자의 구별조차 없애는 초논리적인
보편성의 소통 관계를 표현한다. 우주에서 발동된 뉴타입 능력은
근대의 가시적 기계론mechanism 너머에서 실현될 탈근대의
비가시적인 기계적machinic 소통의 전망을 은유한다.

　건담 사가의 대주제는 보편적 소통의 성취이다. 지온 줌
다이쿤의 죽음 뒤 사이드 3의 부총리 데긴 자비가 공화국을
폐지하고 독재적 공국을 세웠기에 그 의미가 퇴색하지만, 애초에

23　뉴타입이 병기 설명에서 소개되는 것도 같은 이유이다. 이미지프레임 편집부
편,『기동전사 건담 일년전쟁사 - 하』(길찾기, 2009), 28-29쪽.

143

다이쿤이 내세운 지오니즘의 대의가 바로 뉴타입의 보편화를
통한 만인 소통 사상이었기 때문이다. 광대한 우주를 새로운
생활 영역으로 확보한 인류는 그 환경적 조건으로 말미암아
감각과 인식에서 지구를 초월하는 능력을 갖게 되었다. 그것은
사물에 대한 인식과 감각뿐 아니라 타자에 대한 소통 능력도
포괄하기에 지구사 전체를 통해 반복되어 온 상호 몰이해와
반목, 전쟁과 살육이 멈출 가능성도 생겨난 것이다.

뉴타입은 그렇게 변형된 인류, 재생된 인간의 존재 형성에
값한다. 타자와의 전적인 감응이야말로 뉴타입의 본질이다. 이런
뉴타입의 원형은 아무로가 영적 존재가 된 라라아 슨과 완전한
교감을 나누며 뉴타입을 '소통의 장벽 없이 서로 이해할 수 있는
개념'으로 받아들이는 데서 나온다.[24] 따라서 인류는 지구로의
귀환이 아니라 우주를 향한 여정을 통해 다시 태어나야 하고,
뉴타입을 진화의 다음 단계로 받아들여야 한다.[25] 뉴타입은
인간에서 비인간으로 이행하는, 낯선 존재 상태를 향한 변화의
운동이다. 지구적 아르케 너머에 뉴타입이 있는 셈이다.

진화의 한 단계로서 뉴타입은 인류 전체에게 나타나야 할
보편적 능력인 동시에, 각자의 개성을 보존하며 표현되는 특수한
능력이다. 뉴타입으로 태어나거나 각성한 개인은 각자 고유한

---

24 이런 점에서 뉴타입을 전후의 신세대적 자기의식 성장으로 설명하기도 한다.
전후의 신세대가 전전의 구세대를 대체하는 일본 사회를 반영하는 서사가 뉴타입에
녹아있다는 뜻이다. 이윤서, 「전후 일본의 '뉴타입' 구상과 좌절 ─ 도미노 요시유키의
「기동전사 건담」 시리즈를 중심으로」, 『일본사상』 46, 2024, 123쪽.

25 뉴타입이 진화의 표현으로 상정되는 것은 의미심장하다. 과학기술의 외삽으로는
해결할 수 없는 인류의 미래를 보여주는 까닭이다. 작품에서는 약물이나 기계적
공정을 통해 인공적으로 양산된 뉴타입, 즉 '강화 인간(트랜스휴먼)'이 등장한다.
하지만 이들은 전투를 위해 의식적으로 개발된 도구에 가깝고, 대개 인격과 개성의
심각한 결함을 드러낸 채 파국을 맞는다. 타고난 뉴타입 역시 문제가 있는데, 후속작
「기동전사 Z건담」의 주인공인 카미유 비단은 최상의 뉴타입으로
평가되지만, 전쟁의 스트레스 속에 정신이 파열하여 백치가 되고 만다.
확실한 점은 뉴타입이 인공적 방법으로는 양산되지 않는, 우주와 같은
특수한 환경에서 자연 발생적으로 진화하는 자질로 묘사된다는 것이다.

자기성을 유지한 채 활동한다. 또한 지구의 법칙인 생물학적
진화론이 종 전체에 해당하는 기계론적 진화론을 가리킨다면,
우주의 법칙인 뉴타입은 개체와 집단, 특수와 보편을 종합하는
가운데 전개되는 새로운 진화론을 함축한다. 오직 우주에서만
실현될 수 있는 이 새로운 능력은 인간을 지상에서와는 다른
삶으로 이끌었고, 다른 존재로 변형시켰다. 스페이스노이드,
혹은 인간 이후의 인간은 어쩌면 뉴타입이라 불리는
포스트휴먼의 또 다른 명명이 아닐까? 그것은 인간성의 연장일
수도, 또는 인간과는 판이한 비인간의 형상일 수도 있다. 분명한
점은 뉴타입이야말로 인류가 오랫동안 염원하던 불멸의 현존을
보여준다는 사실이다.

우주적 (비)인류의 새로운 공동체

2002~2003년에 방영되면서 '신新 건담'의 초대작으로
불리게 된 「기동전사 건담 SEED 機動戦士ガンダムSEED」는 여러모로
「퍼스트 건담」을 오마주한 작품이다.[26] 도입부의 설정이나
줄거리 등에서 「퍼스트 건담」의 모티프가 선명하게 드러나지만,
특히 중요한 지점은 스페이스노이드와 어스노이드의 변용된
대립이다. '코디네이터'와 '내추럴'이라 불리는 짝이 그것인데,
특히 전자는 「퍼스트 건담」의 설정을 급진화하여 형상화한
유형이다.

코디네이터는 말 그대로 유전자를 조작하여 coordinate
인공적으로 만들어낸 인간을 뜻한다. 그 최초의 존재는
정체불명의 과학자 집단에 의해 창조된 죠지 그렌인데, 통상의

---

26 후쿠다 미츠오(福田津央)의 「건담 SEED」는 이후에 다룰 코바야시
히로시(小林 寛) 감독의 「수성의 마녀」와 더불어 비우주세기 건담에 속하기에
건담 사가의 정통적 문맥에서 벗어나지만, 우리 논의의 초점은 우주적 진화의
초인간적 형상과 그 의미에 있음에 유의하자.

인류를 뛰어넘는 지성과 능력으로 스무 살에 노벨상 후보에 오를
정도였다. 26세에는 우주왕복선 '치올콥스키호'의 설계 주임으로
발탁되어 목성으로 향하던 중, 자신이 유전자 조작에 의해
'제작된' 인간임을 밝히고, 이후 원하는 유형의 인간을 얼마든지
만들 수 있음을 천명한다(C.E. 15년). 그렇게 공식적으로 인정된
코디네이터는 30년 후 천만 명을 넘게 되고, 56년 후인 C.E.
71년에는 5억 명에 이를 정도로 증가한다.

유전자 조작으로 태어난 코디네이터는 자연 출생한 내추럴의
능력을 훨씬 뛰어넘는 초인간적 존재에 가깝다. 신체와 두뇌의
발달은 동년배 내추럴을 완전히 능가하는데, 가령 「건담 SEED」의
주인공 키라는 양자컴퓨터에 버금가는 지적 능력을 갖는다고
묘사된다. 면역 기능도 탁월하여 C.E. 55년 S2형 인플루엔자가
창궐하여 인류가 위협받았을 때 단 한 명의 코디네이터도
감염되지 않는다. 이런 자질은 유전될 수 있기에 일단
코디네이터로 태어나면 후손 역시 내추럴을 넘어서는 능력을
갖게 된다. 그것은 사회적 능력으로도 연결되는데 코디네이터
자치 국가인 '플랜트'의 성인 연령은 15세 정도로 상정되며, 대개
대졸 수준의 학력과 올림픽 선수 정도의 신체 능력을 가졌다고
간주된다. 선거권도 그 나이에 부여되기에 17~18세에 공무원이
되거나 평의회 의원으로 진출하는 것도 가능하다.

요컨대 「건담 SEED」의 세계관에서는 거의 불멸을 연상해도
좋을 정도의 초인간 우주인, '인간 이후의 인간'이 등장하게
된다. 적어도 생물학적 기준에 따르자면 지구적 아르케, 곧
근대적 인간 본질의 정의를 벗어나는 존재가 나타난다. 따라서
신인류, 또는 비인간으로서의 포스트휴먼이 우주적 초인으로
활동하는 셈이다.

그럼, 코디네이터들이 세운 자치 국가인 플랜트에
주목해 보자. 「퍼스트 건담」이 아무로나 샤아, 라라아

슨과 같은 뉴타입 개인들의 형상에 주의를 집중했다면, 「건담
SEED」는 인물 개인과 더불어 그들이 구성한 공동체에도 관심을
기울인다. 바로 이 부분이 문제적이다.

축어적으로 '공장'이라는 뜻의 플랜트를 약어로 풀어보면
다양한 해석의 여지가 도출된다. 예컨대 '넥서스 기술 생산지
동맹 Productive Location Ally on Nexus Technology' 혹은 '인민 해방의
기술 국가 Peoples Liberation Acting Nation of Technology' 등으로 읽을
수 있는데,[27] 플랜트는 '(과학)기술자 동맹 국가'라는 의미가
함축된 것이다. 이런 점에서 지구의 내추럴에 대항해 결성된
콜로니 연합체 성격을 띠는 플랜트는 근대의 유토피아 공동체,
곧 새로운 세계를 지향하고 구성하는 조직체를 연상시킨다.
그런데 유전자 조작으로 우월한 개인을 제작한 플랜트 공동체는
미래 사회를 담보할 만한 진보적 정치체제를 갖고 있지는 않은
듯하다.

가령 엘리트주의에 입각한 정치 사회 조직은 합리적으로
경영되는 듯하지만 경직된 관료주의적 독재에 가깝고,
코디네이터 주민들 각각은 합리적으로 만들어진 개인이지만
개성적인 존재로 자기 삶을 살아가지 못한다. 무엇보다도 그들의
출생 근거인 유전자 조작은 역으로 그들의 생식과 출산에
제동을 거는데, 철저한 유전자 검사에서 합격해야만 자식을 낳을
수 있기 때문이다. 이렇게 코디네이터 사이의 결혼과 출산은
극도의 합리성을 명분으로 통제되며, 이로 인해 그들의 공동체는
자유롭게 열린 형태가 아니라 조직의 명령과 결정에 따라 미리
정해지는 확정된 형태를 취한다. 내추럴의 탄압에 항거하여
자유롭게 결성한 플랜트 연합체는 일견 진화된 엘리트의
유토피아로 묘사되지만, 실제로는 기계론적 합리주의의 맹목에
지배당한 부자유의 왕국에 가깝다. 우주로 진출하여

불멸의 소망을 이룩한 새로운 인류는 다시금 근대의 덫에,
지구적 아르케의 숙명에 굴복하고 만 것인가?

유한성과 필멸성, 생물학과 사회학에 의해 조건화된 지구
인류의 아르케는 불멸의 꿈과 욕망에 추동된 우주 시대에 이르러
다른 존재를 향해 도약한 듯 여겨졌다. 뉴타입과 코디네이터는
영원한 생명을 획득하고 우주라는 무한히 열린 공간을 생활
영역으로 삼는 포스트휴먼의 미래에 비견된다. 그것은 근대
인류가 품어온 아르케가 지워지고, 새로운 종으로서 인간
이후의 인간, 또는 인간 너머의 인간인 비인간의 안-아르케에
대한 문화적 전망일 것이다. 하지만 플랜트에 대한 간략한
소개로 짐작할 수 있듯, 초인간적으로 진화한 신인류, 비인간의
집합체는 고도로 발전된 근대사회의 모습을 빼닮았다. 가령
토머스 모어의 『유토피아』(1516), 톰마소 캄파넬라의 『태양의
나라』(1623), 프랜시스 베이컨의 『새로운 아틀란티스』(1627)가
노정하던 근대의 이상 사회가 과학기술적으로 실현된 사회가
바로 플랜트인 것이다.[28] 근대 인류를 옥죄던 지구적 인간의
아르케는, 역설적으로 인간 이후 안-아르케가 출현하는
자리에서 부메랑처럼 되돌아와 버린 듯하다. 결국 자기 자신을
초월하려던 인간의 욕망은 본래의 자리로 되돌아오는 걸까?
부활한 인류를 위한 표도로프의 사상과 새로운 인간의 과학기술,
우주적 초진화를 향한 문화적 표상은 그것의 불가능성을 역설할
따름일까?

2022~2023년에 방영된 「기동전사 건담 수성의
마녀機動戦士ガンダム 水星の魔女」는 우주적 진화의 산물인 초인적
형상을 보다 현실적으로, 현대인의 이해와 감각에 어울리게
제시한다. 그러나 이는 건담 사가의 역사뿐 아니라 우주적

　28　최진석, 「폭력과 유토피아: 근대와 반근대의 문학적 이념」,
『영어권문화연구』 15권 2호(2022), 223-256쪽.

초인, 포스트휴먼이라는 관점에서도 놀랄 만한 전환점을
이룩한 결과이다. 우선 주인공 슬레타 머큐리는 TV판 건담
시리즈에서는 최초의 여성 주인공이며, 우주 행성 가운데
가장 천대받는 수성 출신의 '마녀'로 묘사되고, 작중 후반에
이르면 복제인간임이 밝혀진다. 그녀의 어머니 프로스페라는
딸 에리가 죽음에 이르자 건담 '에어리얼'에 생체 컴퓨터로
이식했고, 슬레타를 에리의 능력 증진과 완성을 위한 수단처럼
동원했던 것이다. 언뜻 행성 사이의 (계급적) 차별과 위계
의식, 프로스페라의 불행한 가족사, 소모품으로 사용된
슬레타의 비극이 교차하는 갈등의 드라마를 연출하는 듯싶지만,
작품의 대의는 도구적으로 출생하고 성장한 비인간 슬레타가
자기의식을 통해 각성하고 프로스페라와 화해함으로써 자기의
삶을 찾아간다는 데 있다. 창조자와 피조물, 자연 존재와
인공 존재, 원본과 복제물, 사용자와 도구 등 이항관계에서
벌어지는 적대 및 대립의 상투성은 각자의 삶에 대한
충실성과 공-동적共-動的 관계 구성을 통해 극복된다. 장대한
우주전쟁이나 신인류의 국가 구성 같은 거대서사는 전개되지
않으나, 학원물 형식 속에 계급 갈등의 해소와 가족의 새로운
형성, 비인간의 자기의식 등이 종래의 지구적 서사 유형을
넘어서는 결말로 우리를 인도한다. 불멸의 또 다른 방식인
복제를 통해 살아가는 슬레타의 정신적 분열과 그의 자기 긍정
및 자기 생성을 통해 견인되는 낯선 삶의 지속이 관건이다.

　핵심은 우주적 서사가 생성되는 국면에서 인간과 비인간의
관계가 말 그대로 새롭게 설정된다는 점에 있다. 작품의 구도는
행성 간 계급 갈등과 (비)인간의 상호 몰이해, 비이성애적
사랑의 투쟁 등으로 복잡하게 얽혀 있지만, 이 모두는 공존과
공생의 공-동적 삶을 향한 더 넓은 지평으로 열리고
만다. 복수나 쟁취 등으로 대변되는 근대적 서사

형태와 달리, 「수성의 마녀」가 노정하는 결말은 지구적 아르케 즉 인간, 성별, 출생, 계급 등의 모든 요소가 기존의 규정력을 잃고 공-동의 삶을 위해 새롭게 구성되는 방식을 취한다. 뉴타입과 기성 인류의 불가 타협적인 쟁투로 치달았던 「퍼스트 건담」이나 지구적 근대로 귀환하는 코디네이터 공동체의 비극을 연출했던 「건담 SEED」와는 사뭇 다른 결말이 아닐 수 없다.

우주적 (비)인류의 새로운 공동체는 지구 바깥에서 갑작스레 발생하는 초인적 진화나 인공적인 유전자 조작을 통해서는 성취되지 않을 것이다. 지구적 인간, 곧 근대 인류의 규정력을 벗어난 낯선 존재의 인식과 감각, 판단에서 길어내지는 결단과 행위 없이 이전과 다른 삶을 욕망한다는 것은 어불성설이다. 우주를 향한 인간의 지향이 비인간적 전환으로서의 포스트휴먼을 받아들일 수 없다면, 또 다른 지구적 아르케의 재현에 불과할 것이기 때문이다.

안-아르케, 헤테로토피아를 위한 모험

영원한 생명을 향한 불멸의 꿈, 우주라는 무한한 생활 공간, 초인으로서의 포스트휴먼에 대한 추구는 그 자체가 지구의 아르케에 여전히 붙박인 것일지 모른다. 인류사의 영원한 주제라 할 만한 이 세 가지 지향은 지극히 근대적인 욕망의 연장선에서 포착된다. 지구적 존재 조건에 단단히 발 묶인 채 문화와 문명을 발전시켜야 했던 인간에게 불멸과 우주, 초인을 향한 여정은 불가피한 인류사적 과제였다. 하지만 코디네이터들의 낙원인 플랜트가 근대인의 이상향인 유토피아를 닮은 점에서 짐작할 수 있듯, 근본적으로 탈지구와 탈근대, 탈인간의 지향은 지구와 근대, 인간의 역상逆像을 통해 되돌아오곤 했다.

라투르의 표현을 빌리자면 "우리는 결코 지구-인간의

아르케 바깥으로 나서본 적이 없다."

그럼에도 지구와 근대, 인간의 아르케는 항상 안-아르케의 경계선을 넘고자 추동되어 왔다. 지금-여기의 현실 조건을 벗어나 또 다른 존재를 향한 욕망을 통해, 비정통적 사유의 궤적을 경유하여, 사이비 과학과 공상마저 넘나들며, 나아가 문화적 매체의 힘을 빌리면서 아르케 바깥은 항상-이미 도달되어 왔다. 우주적 헤테로토피아라 부를 만한 그 '바깥'은 포스트휴먼의 미-래적 계보를 통해 도래해 있던 것이다.

물론 지구를 넘어서는 안-아르케적 운동의 현실은 여전히 불가능성에 잠겨 있음이 사실이다. 그럼에도 러시아 우주론과 포스트휴머니즘, 근대적 정전 바깥의 텍스트들이 보여주듯, 안-아르케의 탈지구적 실천은 계속되고 있다. 설령 그 궤적이 다시금 지구로 귀환하고 반복될지라도, 안-아르케의 끊임없는 촉발을 통해 돌이킬 수 없는 탈지구적 탈주도 시작될 것이다. 지구를 넘어서 우주를 향하는, 불멸과 포스트휴먼의 헤테로토피아적 욕망은 결코 소진되지 않을 테니까.

참고 문헌

기본 자료

Федоров, Н.Ф., *Сочинения*(Мысль, 1982).

「기동전사 건담」 애니메이션 시리즈.

「기동전사 건담(機動戦士ガンダム)」(1979-1980).

「기동전사 건담 SEED(機動戦士ガンダムSEED)」(2002-2003).

「기동전사 건담 수성의 마녀(機動戦士ガンダム 水星の魔女)」(2023-2024).

단행본

고장원, 『스페이스오페라란 무엇인가?』(부크크, 2015).

김상현, 『레닌묘: 상징의 건축, 기억의 정치』(민속원, 2017).

박영은, 『러시아 문화와 우주철학』(민속원, 2015).

이미지프레임 편집부 편, 『기동전사 건담 일년 전쟁사 – 하』(길찾기, 2009).

이혜영 외, 『트랜스휴머니즘과 포스트휴머니즘』(한국학술정보, 2018).

정규수, 『로켓, 꿈을 쏘다』(갤리온, 2010).

최진석, 『불가능성의 인문학: 휴머니즘 이후의 문화와 정치』(문학동네, 2020).

홍성욱, 『포스트휴먼 오디세이』(휴머니스트, 2019).

로버트 에틴거, 문은실 옮김, 『냉동 인간』(김영사, 2011).

로버트 페페렐, 이선주 옮김, 『포스트휴먼의 조건』(아카넷, 2017).

로지 브라이도티, 이경란 옮김, 『포스트휴먼』(아카넷, 2015).

———, 김재희 · 송은주 옮김, 『포스트휴먼 지식』(아카넷, 2022).

루이스 멈포드, 유명기 옮김, 『기계의 신화 1』(아카넷, 2013).

마거릿 애트우드, 양미래 옮김, 『나는 왜 SF를 쓰는가』(민음사, 2021).

마크 오코널, 노승영 옮김, 『트랜스휴머니즘』(문학동네, 2018).

앤디 클락, 신상규 옮김, 『내추럴-본 사이보그: 마음, 기술, 그리고 인간 지능의
       미래』(아카넷, 2015).

올라프 라더, 김희상 옮김, 『사자와 권력』(작가정신, 2004).

존 그레이, 김승진 옮김, 『불멸화 위원회』(이후, 2012).

캐서린 헤일스, 허진 옮김, 『우리는 어떻게 포스트휴먼이 되었는가』
       (플래닛, 2013).

타네 키요시, 김현아 · 주재명 옮김, 『건담과 일본』(워크라이프, 2017).

프란체스카 페란도, 이지선 옮김, 『철학적 포스트휴머니즘』(아카넷, 2021).

훗타 준지 외, 주재명 옮김, 『건담 UC 유니콘 증언집』(워크라이프, 2019).

Kropotkin, P., "Anarchism: Its Philosophy and Ideal", *Anarchism. A Collection of Revolutionary Writings*(Dover Publications, INC., 2002).

Тумаркин, Н. *Ленин жив! Культ Ленина в советской России*(Академический проект, 1997).

Zbarsky, I. and Hutchinson, S., *Lenin's Embalmers*(The Harvill Press, 1999).

논문

문준일, 「러시아 우주론과 니콜라이 표도로프의 불멸사상」, 『인문사회 21』 12권 1호(2008), 2807-2818쪽.

이윤서, 「전후 일본의 '뉴타입' 구상과 좌절 ― 도미노 요시유키의 '기동전사 건담' 시리즈를 중심으로」, 『일본사상』 46호(2024), 101-128쪽.

최진석, 「폭력과 유토피아: 근대와 반근대의 문학적 이념」, 『영어권문화연구』 15권 2호(2022), 223-256쪽.

기타

"PLANT Colonies," The Gundam Wiki(검색일: 2025. 4. 23.) https://gundam.fandom.com/wiki/ PLANT_Colonies

우주산업과
디자인 연대기

이서영

서울과학기술대학교에서 뉴스페이스 시대의 디자인
연구로 석사 학위를 취득했으며, 현재는 핀란드
알토대학교에서 컨템퍼러리 디자인을 공부하고 있다.
20세기를 중심으로 우주산업과 디자인 분야의 상호 영향
관계를 역사 맥락에서 분석하고, 관련 연구의 파편화
문제를 해결하기 위해 '우주 생활 디자인(Space Life
Design)'이라는 새로운 디자인 개념어를 제안했다.
현재는 도자기와 유리 등 지구의 재료를 통해 물질과
사유로 우주를 해석하는 디자인 작업에 집중하고 있다.

2022년에서 2023년, 석사 논문「뉴 스페이스 시대의 디자인 연구―개념적 분석을 중심으로」를 쓰던 시기에는 국내외 뉴스에서 우주산업 관련 소식이 끊이지 않았다. 특히 2022년은 우주산업 역사에서 큰 성과를 보인 해였다. 제임스 웹 우주 망원경의 첫 관측 성과, 그리고 21세기 달 탐사의 서막을 알린 아르테미스 1호 발사가 이루어졌다.

한국의 우주개발 역시 괄목할 만한 성과를 거두었다. 한국항공우주연구원이 개발한 한국형 발사체 '누리호'는 2023년 3차 발사에서 목표 궤도 진입과 큐브 위성 사출에 성공하며 우주 강국으로 향하는 발걸음을 내디뎠다. 이를 계기로 국내에도 '뉴스페이스 에이지'가 잘 알려지게 되었다. 민간 기업이 로켓 발사와 우주선 운용을 주도하는 새로운 산업 생태계가 형성되었고, 각국은 독자적인 우주개발 역량 확보에 나서고 있다.

우주는 오랫동안 디자인의 중요한 영역으로 자리해 왔다. 논문에서는 우주산업과 디자인의 역사적 발전 과정을 분석하고, 이를 바탕으로 '우주 생활 디자인'이라는 새로운 개념을 제시했다. 이는 디자인 분야 연구자 간의 소통을 촉진하고 학술적 담론을 형성하는 데 기여할 것이다. 우주 생활 디자인은 인류의 활동 영역이 확장됨에 따라 함께 진화해 왔으며, 인류가 우주에서 더 멀리, 더 오래, 더 다양한 활동을 수행할 수 있도록 뒷받침해 왔다.

우주산업의 발전 과정을 디자이너의 관점에서 살펴보면 흥미로운 변화를 발견할 수 있다. 20세기 초 우주산업 태동기에는 과학기술과 디자인이 독립적인 영역으로 존재했다. 그러나 1960년대 우주 시대가 열리며 두 분야는 점차 융합되기 시작했다. 이 과정에서 미디어, 특히 영화 산업이 중요한 매개체 역할을 했다. 1970~1990년대에는 SF영화를 통해 우주 이미지가 대중화되었고, 2000년대 들어 뉴스페이스

시대가 도래하며 이러한 이미지들이 실제 상업 우주산업에서
구현되는 모습을 보였다.

우주가 산업이 되기까지: 과학적 세계관과 디자인

고대 바빌로니아부터 시작된 것으로 추정되는 인류의 천체
관측은 16세기 중반 코페르니쿠스의 지동설을 거쳐, 17세기 초
갈릴레이의 망원경 관측과 케플러법칙으로 발전했다. 이러한
우주론의 등장은 오랫동안 지구중심설을 믿어온 중세의 상식을
전복하고 우주적 질서를 재정립했다.

프랑스의 과학 소설가 쥘 베른은 『지구 속 여행』(1864),
『지구에서 달까지』(1865), 『해저 2만 리』(1870) 등의 소설을
집필했다. 과학적 추론에 기반하여 잠수함, 로켓, 우주선, 달
등이 등장하는 초현실주의적 배경과 과학기술이 융합된 그의
작품은 훗날 콘스탄틴 치올콥스키, 로버트 고더드, 헤르만
오베르트, 베르너 폰 브라운과 같은 우주개발의 선구자들에게
영감을 주었다.

20세기에 들어서며 새로운 예술운동인 미래주의가 등장했다.
1909년 필리포 토마소 마리네티는 프랑스 신문 《르 피가로》에
「미래주의 창립 선언」을 발표한다. 속도와 기계문명을 숭배하며,
전통적 가치를 부정하는 급진적 성격을 띤 이 선언은 특히
"우리는 운전대를 잡고 있는 사람을 찬미한다. 이 이상적인 축은
지구의 중심을 관통하고, 지구의 궤도 위를 선회한다."[1]라는
부분에서 미래파가 자동차의 속도로 대표되는 기계문명의
역동성을 강조했음을 보여준다.

대표 사례로는 미래파 예술가 루이지 루솔로의 작품

---

1 할 포스터 외, 『1900년 이후의 미술사: 모더니즘 반모더니즘
포스트모더니즘』(세미콜론, 2007), 102–109쪽.

다이너미즘에 나타난 유선형과 역동적 구성으로, 이는 20세기 기계미학의 시작이었다. 미래주의는 회화나 조각뿐만 아니라 근대 건축과 디자인에도 큰 영향을 미쳤다. 특히 미래파 건축가 안토니오 산텔리아가 1914년에 발표한 「미래주의 건축 선언」은 마리네티의 선언이 건축 분야로 확장된 주요 사례다.

19세기 말에는 토머스 에디슨의 연구와 교류전력 보급으로 전력 상용화가 확산되었다. 또한 이탈리아의 안토니오 메우치가 초기 전화기를 고안하고, 1876년 알렉산더 그레이엄 벨이 특허를 취득한 전화기는 산업 구조와 생활 방식을 바꾸기 시작했다. 포드 사의 자동차 '모델 T'(1908년) 역시 산업 구조와 삶의 양상을 크게 바꾸어 놓았다.

미국에서는 로버트 고더드가 1926년 세계 최초로 현대적인 액체 추진 로켓을 개발했다. 제2차 세계대전 당시 고더드 박사는 미 해군의 가변 추진 로켓 모터 개발에 집중했고, 그의 이론이 이후 독일의 V-2 로켓 개발에 간접적으로 영향을 주었다.

로버트 고더드 박사와 액체연료로켓의 프레임, 1926 © NASA

러시아제국-소련의 로켓 과학자 콘스탄틴 치올콥스키는 1903년에 「반작용 모터를 이용한 우주 공간 탐험 Exploration of Outer Space by Means of Rocket Devices」을 학술지에 게재했다. 교사 시절부터 그는 이미 19세기 말에 다단계 로켓, 액체연료, 우주복, 우주 엘리베이터 등 실용적이면서도 대담한 아이디어들을 제시했다. 이들 구상은 모두 아이디어 단계에 머물렀지만, 후대에 이르러 그의 업적은 재조명되었고, 그는 우주비행사 유리 가가린, 로켓 공학자 세르게이 코롤료프와 함께 러시아 우주과학의 중요한 인물로 평가받고 있다.

이처럼 미국과 러시아에서 이론적 기반이 다져지는 동안, 1930년대 독일에서는 두 명의 과학자 헤르만 오베르트와 베르너 폰 브라운이 로켓 개발을 이끌고 있었다. 오베르트 박사는 저서 『행성 우주로 향하는 로켓』에서 로켓이 지구의 중력을 벗어날 수 있다는 이론을 제시했으며, 1927년에 창립된 우주여행협회 VfR의 주요 회원이 되어 멘토 역할을 했다. 이처럼 과학자이면서 동시에 공상가적 면모를 지닌 오베르트는 '우주 비행과 우주여행의 아버지'라 불리게 되었다.

1931년 오베르트 박사와 당시 그의 조수였던 폰 브라운은 액체 추진 로켓 발사에 성공한다. 1932년 독일 육군은 폰 브라운을 영입하여 장거리 탄도미사일 'V-2 로켓'을 개발했고, 이 미사일은 1944년 '보복 무기 2호'라는 이름으로 공개되어 선전에 이용된다. 사실상 살상 무기였지만 전쟁이 끝난 후 미국, 소련, 영국, 프랑스 등 여러 국가에서 그 기술적 가치가 재발견되어 오늘날 우주발사체의 기원이 되었다.

독일의 패전 이후 로켓 연구소의 연구자와 기술은 세계 각국으로 흩어졌다. 폰 브라운 박사는 미국으로 이주했고, V-2 로켓 기술은 미국의 첫 인공위성 발사체 레드스톤, 인류를 달에 보낸 새턴-5 로켓 개발에 이용되었다.

소련에서도 V-2 로켓 기술을 바탕으로 인류 최초의 인공위성
스푸트니크 1호 개발에 성공했다.

　　이처럼 독일의 V-2 로켓을 중심으로 미국과 소련이 가장
앞선 로켓 기술을 보유하게 되었다. 나치의 살상 무기로 개발된
미사일 기술이 각국 우주개발의 토대가 된 것이다. 전쟁이라는
파괴의 도구로 태어난 기술이, 역설적으로 인류의 우주
진출이라는 도약을 끌어낸 셈이다.

플로리다주 케이프커내버럴에서 발사된, V-2 미사일에 2단 로켓을 장착한 범퍼 8호,
1950 © NASA

우주 시대의 개막

　　제2차 세계대전 종전 이후, 군사기술을 기반으로
항공우주공학은 비약적인 발전을 이루었다.
그중에서도 1957년 소련이 세계 최초로 인공위성

161

스푸트니크 1호Sputnik 1를 지구 궤도에 성공적으로 발사한
사건은 우주개발의 전환점이 되었다. 이 사건은 '스푸트니크
쇼크Sputnik Shock'라는 용어를 낳을 만큼 전 세계, 특히 미국에 큰
충격을 주었다.

자신들의 과학기술이 소련보다 앞서 있다고 믿어왔던
미국은 소련의 성공에 위기감을 느꼈고, 이에 대응하여 1958년
미항공우주국(National Aeronautics and Space Administration,
NASA)을 설립했다. 이처럼 스푸트니크 발사는 우주산업의
지형을 바꾸는 결정적 계기가 되었고, 미국과 소련 간의
본격적인 우주 경쟁Space Race을 촉발했다.

1960년대에 접어들며 인류는 마침내 우주에 진출하게
된다. 1961년, 소련의 우주비행사 유리 가가린Yuri Gagarin이
보스토크 1호Vostok 1에 탑승해 108분 동안 지구 궤도를 한 바퀴
도는 인류 최초의 유인 우주 비행에 성공했다. 같은 해 5월,
미국의 존 F. 케네디 대통령은 의회 연설에서 10년 안에 인류를
달에 착륙시키겠다는 목표를 발표했고, 이듬해인 1962년
9월 텍사스주 휴스턴 라이스대학교에서 "우리는 달에 가기로
결정했다"라는 유명한 연설을 했다.

초기의 유인우주선은 생존에 필요한 최소한의 시스템만
갖춘 상태였다. 가가린이 탑승한 보스토크 1호는 1인용 캡슐로,
108분간의 궤도 비행을 위해 설계되었다. 내부에는 사출 좌석,
입구와 출구 해치, 탈출 해치, 스위치보드, 컨트롤 패널, 작은
창문, 배변 시스템 등 단기 비행을 위한 필수 장치들만 포함되어
있었다.

이후 NASA는 1960년대 후반부터 장기 체류형 우주정거장인
스카이랩SkyLab의 건설을 구상하기 시작했다. 우주에서의 임무가
다양해지고 체류 시간이 길어짐에 따라, 우주선 내부
환경을 인간 친화적으로 설계할 필요성이 대두되었다.

이에 따라 산업디자이너 레이먼드 로위 Raymond Loewy와 그의
팀이 스카이랩 내부 디자인에 참여해, 우주비행사들의 장기
거주에 적합한 공간을 구상했다.

러시아의 건축디자이너 갈리나 발라쇼바 Galina Balashova는
1960년대부터 1980년대까지 약 20년 동안 소련의 유인우주선
내부 디자인을 담당했다. 그녀는 소유스호 모듈, 살류트 6호와
7호, 미르 우주정거장, 부란 우주왕복선 등 다양한 우주선의
인테리어를 설계했으며, 아폴로–소유스 공동 임무의 엠블럼도
디자인했다. 발라쇼바는 무중력상태에서 우주비행사들이
신체적, 심리적으로 안정감을 느낄 수 있도록 공간의 시각적
구조를 정교하게 설계했다. 예를 들어 바닥은 어두운색, 천장은
밝은색으로 구분하여 방향 감각을 유지할 수 있도록 했으며,
협소한 공간에서도 기능성과 쾌적함을 동시에 확보하려 했다.

우주 이미지의 대중화

미디어 이론가 비비안 숍책 Vivian Sobchack에 따르면, SF영화는
단순히 특수 효과나 미래적 설정에 머무는 장르가 아니다. 이
장르는 현실에 의문을 제기하고 기술과 인간의 관계를 정의하며,
인간의 정체성과 조건 그리고 과학 및 기술 발전과 같은 주제와
사회적, 과학적 맥락 속에서 상호작용 한다.[2] 특히 우주를
배경으로 한 SF영화에서는 우주 탐험에 대한 환상뿐 아니라
동시대 사회상과 기술에 대한 대중의 인식이 반영된다.

영화가 발명된 이후 20세기 초에는 사실주의적 경향의
영화가 주를 이뤘으나, 영화 제작 기술이 발전하면서 점차
표현주의적이고 상상력을 자극하는 영화들이 등장하기

2 Sobchack, V. C., *Screening space: the American science fiction
film*(Rutgers University Press, 1997).

시작했다. 이러한 흐름을 보여주는 대표적인 인물로 프랑스의 마술사이자 영화 제작자인 조르주 멜리에스 Georges Méliès는 마술을 영화에 접목해 획기적인 촬영 기법과 영상 편집 기술을 선보인다. 1902년에 발표한 「달세계 여행」은 대포로 발사된 캡슐을 통해 달에 사람을 보내는 내용을 다룬 작품으로, 우주를 배경으로 한 최초의 과학 영화로 평가받으며 과학적 상상력과 시각적 상징을 통해 우주에 대한 초기 대중의 환상을 그려낸다.

이러한 초기 우주 영화의 상상력은 20세기 중반 실제 사회 변화와 맞물려 더욱 구체화되었다. 1차 세계대전 이후 자동차 산업과 플라스틱 산업의 본격적인 확산을 발판으로 경제 대국으로 도약한 미국은 1920년대에 경기 호황기를 맞이했다. 두 차례의 전쟁에서 얻은 부와 기술의 비약적 발전을 통해 자신감을 얻은 미국은 교외에서 평화롭게 살아가는 백인 중산층 가정의 모습을 유토피아로 꿈꾸는 미국인의 수요에 맞추어 미래지향적 디자인을 생산했다.[3]

1950~1960년대에 등장한 스페이스 에이지 디자인 Space Age Design은 우주 시대의 도래와 함께 나타난 새로운 양식이었다. 플라스틱 사출 성형 기술의 발달로 디자이너들은 우주와 우주선에서 영감을 받은 유려한 곡선형 디자인을 선보였으며, 이는 대중사회에서 큰 인기를 끌었다.

가령 에로 아르니오 Eero Aarnio의 '볼 체어'는 1963년 유리섬유로 제작된 구형 디자인으로 우주 캡슐을 연상시키는 미래적 형태를 보여준다. 에로 사리넨 Eero Saarinen의 '튤립 체어'(1956)는 우주 시대적 미학을 대표하는 작품으로, 이 의자로부터 영감을 받아 모리스 버크 Maurice Burke가 만든 의자가 「스타트렉」 오리지널 시리즈(1966~1969)에서 우주선 내부 의자로

3 샬롯 피엘 · 피터 피엘, 『디자인의 역사』(시공문화사, 2015), 358쪽.

사용되어 미래적 이미지를 강화했다. 올리비에 무르그 Olivier Mourgue의 '진 체어'(1965)는 물결 모양의 폼 위에 패브릭을 씌운 디자인으로, 영화 「2001: 스페이스 오디세이」(1968)에 등장한다. 이처럼 스페이스 에이지 디자인은 SF영화를 통해 대중에게 친숙하게 소개되었으며, 영화 속 미래적 공간과 현실의 디자인이 서로 영향을 주고받으며 우주 시대에 대한 대중의 상상력을 구체화하는 역할을 했다.

특히 1968년 개봉한 영화 「2001: 스페이스 오디세이」는 영화사와 디자인사 모두에 중대한 영향을 미쳤다. 스탠리 큐브릭 Stanley Kubrick 감독과 아서 C. 클라크 Arthur C. Clarke의 협업으로 탄생한 이 작품은 우주 이미지를 대중의 기억 속에 강렬히 각인했으며, 그 영향력은 오늘날에도 유효하다. 이 영화에서 묘사된 우주선의 새하얀 내부, 인공지능 HAL, 우주복과 가구 디자인은 패션, 공간 디자인, 시노그라피 등 다양한 분야에서 꾸준히 오마주되고 있다.

같은 시기, 포드와 필립스에서 자동차 및 가전제품 디자인으로 주목받던 시드 미드 Syd Mead는 영화 「스타트렉」(1979)의 디자인 제안을 받으면서 본격적으로 SF영화 작업에 참여했다. 이후 그는 「블레이드 러너」(1982), 「트론」(1982), 「에일리언」(1986) 등 다수의 SF영화 디자인을 맡았다. 초기 SF영화들이 상상력에 크게 의존했던 것과 달리, 시드 미드는 공학과 미학을 접목한 미래 콘셉트 디자인을 제시했다. 기술 친화적이면서도 감각적인 그의 작업은 SF영화 속 세계관 형성은 물론 산업디자인, 그래픽디자인, 인테리어디자인에 이르기까지 폭넓은 영향을 끼쳤다.

1970~1980년대에는 앞서 언급한 SF영화들이 연이어 등장했다. 영화의 인기가 높아지며 시각적 효과를 극대화하는 디자인의 중요성도 함께 부각되었고,

1990년대 전후로 CGI 기술의 발전과 함께 SF영화 이미지는 더욱 다채로운 양상으로 진화하게 된다.

뉴스페이스 시대의 시작

1990년대 이후, 냉전 체제 아래 이어지던 우주개발 경쟁은 잠시 소강상태에 접어들었다. 1986년, 우주왕복선 챌린저호의 폭발로 승무원 7명이 전원 사망한 사고와, 1991년 소련 해체 및 냉전 종식은 우주개발에 대한 정치적 동기를 약화했다. 예산 삭감과 더불어 대중의 관심도 이전보다 줄어들었고, 우주산업은 일시적으로 둔화되었다. 그러나 이 시기에도 역사적으로 의미 있는 성과는 지속적으로 이루어졌다.

대표적인 예로 1990년 NASA는 우주왕복선 디스커버리호를 발사하여 허블 우주 망원경(Hubble Space Telescope, HST)을 궤도에 안착시켰다. "우주에 대한 근본적인 이해를 바꾸어 놓았다."라고 평가되는 허블 망원경은 우주의 나이 측정뿐 아니라 수많은 과학 논문에 활용되며 학문적 의의를 증명해 왔다.

2006년 NASA는 새로운 유인과 무인 우주 운송 계획인 '상업용 궤도 운송 서비스COTS'를 출범했다. 기존의 우주왕복선은 2011년 퇴역했고, 막대한 비용과 비효율성이 문제로 지적되던 상황에서 민간 기업의 참여를 통한 운송 체계 전환이 필요해졌기 때문이다.

COTS는 민간의 우주산업 참여를 확대하며 우주 수송의 효율성과 안정성을 높이는 전환점이 되었다. 이 계획을 통해 두각을 나타낸 기업은 스페이스X였다.

스페이스X는 ISS 화물 수송뿐만 아니라 달과 화성 탐사 프로젝트까지 계획하고 있다. 대표적인

허블 우주 망원경, 1990 © NASA

사례인 스타십 Starship은 스페이스X가 개발 중인 초대형 재사용
우주 로켓이다. 2016년 공개된 이 발사체는 지구 궤도는 물론 달,
화성, 심우주까지 사람과 화물을 운송할 수 있도록 설계되었다.
높이 약 50m, 질량 약 120톤의 스타십은 최대 100명의 승무원을
수용할 수 있으며, 객실과 식당 등 장기 체류를 위한 내부 설비도
갖출 예정이다.

　　앞선 사례 조사와 분석을 통해 다음 연대기를 도출해 냈다.
연대기의 X축에는 우주산업의 주요 사건들을 시간순으로
배치했고, Y축은 위쪽에 디자인 사례, 아래쪽에 이미지 사례를
배치하되, 각각 '비주얼 – 엔지니어링', '과학 – 판타지'라는
대비되는 특성으로 구성했다. 이 연대기를 통해 우주산업 발전
과정에서 나타난 디자인의 특징과 그 변화의 흐름을
파악할 수 있다.

167

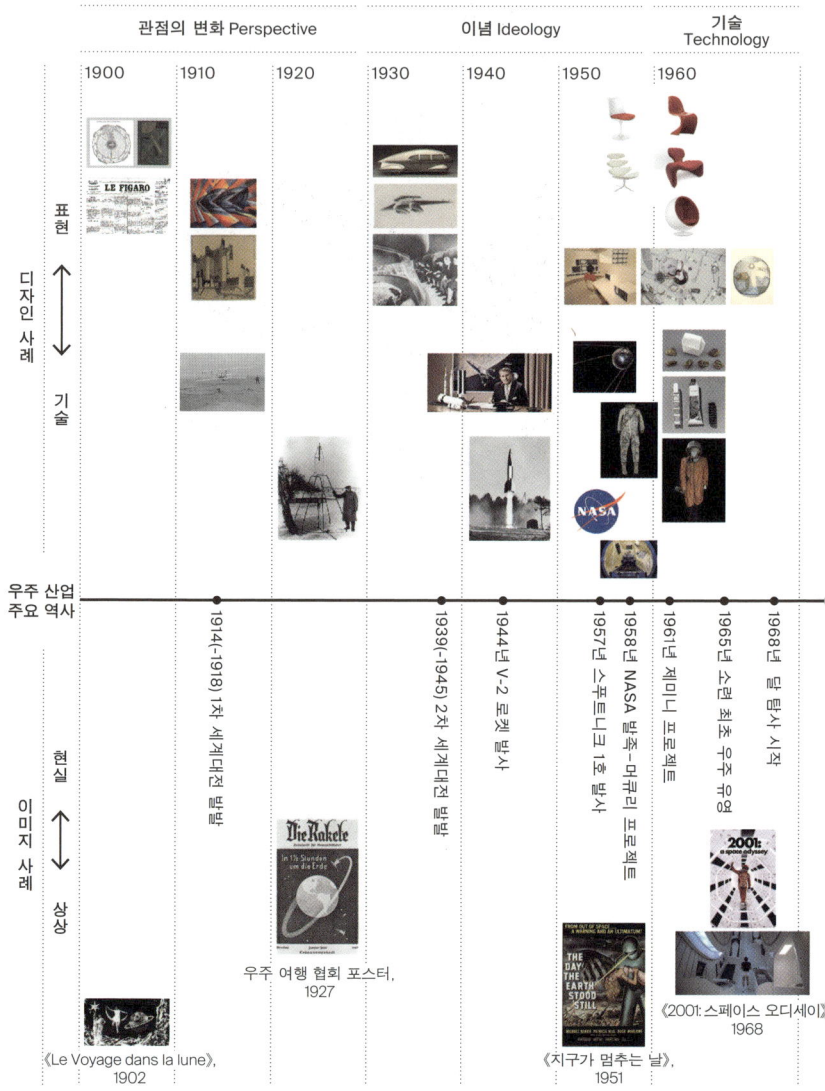

관점의 변화 Perspective · 이념 Ideology · 기술 Technology

1900 · 1910 · 1920 · 1930 · 1940 · 1950 · 1960

디자인 사례

표현 ↕ 기술

우주 산업 주요 역사

이미지 사례

현실 ↕ 상상

1914(-1918) 1차 세계대전 발발

1939(-1945) 2차 세계대전 발발

1944년 V-2 로켓 발사

1957년 스푸트니크 1호 발사

1958년 NASA 발족-마큐리 프로젝트

1961년 제미니 프로젝트

1965년 소련 초초 우주 유영

1968년 달 탐사 시작

《Le Voyage dans la lune》,
1902

우주 여행 협회 포스터,
1927

《지구가 멈추는 날》,
1951

《2001: 스페이스 오디세이》
1968

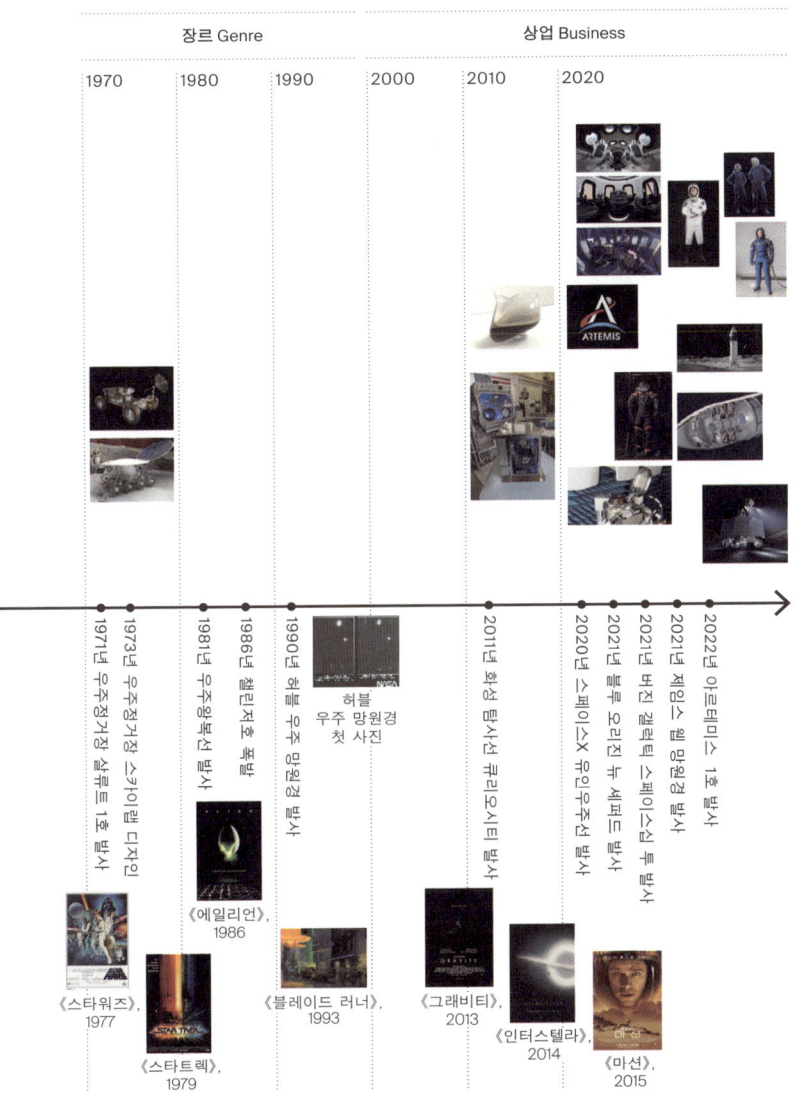

장르 Genre   상업 Business

1970   1980   1990   2000   2010   2020

1971년 우주정거장 살류트 1호 발사

1973년 우주정거장 스카이랩 디자인

1981년 우주왕복선 발사

1986년 챌린저호 폭발

1990년 허블 우주 망원경 발사

허블 우주 망원경 첫 사진

2011년 화성 탐사선 큐리오시티 발사

2020년 스페이스X 유인우주선 발사

2021년 블루 오리진 뉴 세퍼드 발사

2021년 버진 갤럭틱 스페이스십 투 발사

2021년 제임스 웹 망원경 발사

2022년 아르테미스 1호 발사

《스타워즈》,
1977

《스타트렉》,
1979

《에일리언》
1986

《블레이드 러너》,
1993

《그래비티》,
2013

《인터스텔라》
2014

《마션》,
2015

우주산업과 디자인 연대기 [4] ⓒ 이서영

첫째, 중세를 지나 근대에 이르러 우주에 대한 인식이 신학적 세계관에서 과학적 세계관으로 전환되었다. 둘째, 20세기 초 전쟁을 배경으로 우주개발과 디자인은 이념의 수단으로 활용되었다. 셋째, 1960년대에는 인류의 실제 우주 진출과 함께 우주공학 기술이 비약적으로 발전했으며, 다양한 장치와 시스템이 개발되었다. 넷째, 1970~1990년대에는 SF영화를 통해 우주 이미지가 대중화되었고, CGI 기술의 발전으로 디자인이 대중의 인식에 미치는 영향력이 더 커졌다. 마지막으로 2000년대 이후 뉴스페이스 시대에 접어들면서, 우주산업은 상업화되었고, 다양해진 사용자 요구에 따라 디자인의 역할도 확장되었다.

또한 기술 발전과 우주산업의 상업화가 디자인에 어떤 영향을 미쳤는지도 확인할 수 있었다. 예를 들어 1959년 NASA가 개발한 우주복은 공학적 기능이 중심이었지만, 오늘날 스페이스X의 우주복은 연대기상 중간에 위치하면서 심미성과 공학 기술이 통합된 형태로 진화했다는 점에서 이러한 흐름을 잘 보여준다.

우주 관광부터 달 기지까지: 우주 생활 디자인

우주는 더 이상 과학기술의 전유물이 아닌, 인간의 생활 공간으로 인식되기 시작했다. 민간 기업의 우주 진출과 상업화가 본격화되면서, 우주에서의 인간 활동은 단순한 탐사나 연구를 넘어 일상적인 '생활'로 확장되고 있다.

이러한 변화 속에서 제안한 디자인 개념어 '우주 생활 디자인'은 우주 환경에서 인간이 살아가기 위한 실용적이면서도 심미적인 디자인을 의미한다. 이는 우주복, 거주 모듈, 탐사용 장비 등 구체적인 물리적 장치를 포함하면서도, 아직 기술적으로 구현되지 않은 사변적 디자인까지

포괄한다. 과학적이며 기술적인 합리성과 상상력, 미래지향성과
윤리성 등 복합적인 요소가 통합된 디자인 접근이 요구된다.

　　뉴스페이스 시대에 접어들면서 항공 우주 기업들은 우주
관광 시장을 본격적으로 개척하고 있으며, 특히 버진 갤럭틱의
스페이스십 투Spaceship Two와 블루 오리진의 뉴 셰퍼드New
Shepard가 2021년 민간인 승객을 태우고 우주로 올라가는 데
성공하면서 우주 관광 산업에 대한 대중의 관심이 크게 높아졌다.

　　이러한 우주 상품은 고액의 탑승 비용 때문에 아직은
특권층만 이용할 수 있고, 점차 럭셔리 시장이 형성되고 있는
가운데 기존 우주비행사와 달리 일반 승객들은 짧은 시간 동안의
우주 경험을 추구한다는 특징을 보인다. 이들의 목적은 과학
탐구를 추구하는 우주비행사와 달리 순수한 관광과 체험에 있다.

　　기업들은 이러한 고객층을 위해 디자인에 적극적으로
투자하고 있으며, 최근 공개된 우주선 인테리어와 우주복
디자인이 이를 잘 보여준다. 현재 우주여행은 카르만 라인[5]을
기준으로 준궤도 비행과 지구 대기권 비행으로 나뉘는데, 이에
따라 우주복도 착용 공간과 목적에 따라 선내 생활복, 여압복, 선
외 활동복으로 구분된다.

　　스페이스X의 인스퍼레이션 4는 2021년 최초로 지구 궤도에
진출한 민간 유인우주선으로, 네 명의 민간인이 3일간 지구
궤도를 비행했는데, 기존 우주선과 가장 큰 차이는 조종석에서
드러난다. 수많은 버튼과 스위치로 가득했던 계기판을 세 개의
대형 터치스크린으로 대체한 것이다. 한편 버진 갤럭틱의
스페이스십 2는 약 90분간 준궤도 구간을 비행하는 우주선으로,
영국 디자인스튜디오 시모어파월Seymourpowell이 인테리어를
담당했으며, 개인용 디스플레이가 설치된 여섯 개 좌석과 여러

5　지구 대기와 우주공간을 나누는 경계로 지구 해수면으로부터 100㎞ 상공에서
시작한다. 출처: 국제 항공 연맹(FA).

개의 둥근 창문을 통해 승객이 바깥 풍경을 잘 볼 수 있게 설계했다. 무중력상태에서는 승객이 선체 내부를 자유롭게 이동하며 창문을 통해 우주를 감상할 수 있다.

블루 오리진의 뉴 셰퍼드는 수직으로 상승과 하강을 하는 우주여행 로켓으로, 지상에서 $100km$ 높이에 도달해 3분간 무중력상태에 머무른 후 지구로 귀환하는 방식이다. 최근에는 2024년 9월 15일 스페이스 퍼스펙티브 Space Perspective의 넵튠Neptune이 멕시코만의 한 배에서 무인 시험 비행을 성공적으로 수행했는데, 고도 약 10만 피트($30.5km$)에 도달한 이 비행은 성층권 비행의 중요한 이정표가 되었으며, 상업용 우주 관광의 가능성을 보여주었다.

우주복 디자인에도 혁신이 일고 있다. 스페이스X의 우주복은 SF영화 의상 디자이너 호세 페르난데스가 제작했고, 버진 갤럭틱은 미국의 스포츠용품 제조사 언더아머와 협업했다. 이처럼 기업들은 패션 디자이너와 브랜드를 적극 활용하며 상업용 우주산업에서 디자인의 중요성을 인식하고 있다. 앞으로 기술 발전과 소재 개발로 더욱 혁신적인 우주복 디자인이 나올 것으로 기대된다.

2023년 3월 NASA는 액시엄 스페이스Axiom Space에서 개발한 선외 활동복(Axiom Extravehicular Mobility Unit, AxEMU)의 첫 프로토타입을 공개했다. 아르테미스 III 임무를 위해 제작됐으며, 달 남극 탐사 활동에 사용될 예정이다. 달에서 착용하는 우주복은 우주의 열을 반사하여 우주비행사를 고온 환경으로부터 보호하기 위해 흰색으로 만들어진다. 이 우주복은 우주비행사와 일반인을 포함한 더 넓은 스펙트럼의 사용자를 위한 디자인, 보강된 안전성, 다목적 임무를 위해 다양한 환경을 견뎌내는 범용성, 우주탐사 시 이동성과 민첩성을 보완하고 우주정거장 안에서 환복이 용이하도록 설계되었다.

　　아직 우주 관광이 소수에게 국한되어 대중화 단계까지는
많은 시간이 소요되겠지만, 장기적으로 볼 때 인간과 우주
사이를 가로막던 장벽 하나를 허물어줄 것이 분명하다. 또한
기술 발전으로 우주발사체 발사 비용이 적어지고 안전하게
운항한다면, 우주 관광 상품의 이용객은 더 증가할 것이다.

　　인류는 1972년 아폴로 17호 이후 약 50년 만에 다시 달을
방문할 예정이며, 미국 NASA의 아르테미스 계획이 여러 면에서
주목받고 있다. 이 계획은 21세기 첫 유인 달 탐사 프로젝트인
동시에 최초로 여성 우주비행사와 유색인종 우주비행사가 달을
밟게 되는 역사적 의미가 있으며, 달에 거주용 베이스캠프를
건설하는 것을 궁극적 목표로 한다. 2022년에 아르테미스 1호
발사에 성공했으며, 몇 차례 연기를 거쳐 2024년 12월 기준으로
아르테미스 2호는 2026년 4월, 아르테미스 3호는 2027년
중반으로 계획되어 있다.

　　2014년 캘리포니아의 우주 기술 스타트업 레드와이어^{Redwire}
(구 메이드인스페이스(Made In Space))와 NASA가 공동
개발한 무중력 3D프린터가 국제우주정거장^{ISS}에 보내졌다.
이 3D프린터는 무중력 환경에서도 안정적으로 작동하도록
설계되었으며, 낮은 온도에서 가열된 ABS 필라멘트를 층층이
적층하여 설계 파일에 따라 다양한 부품을 출력한다.

　　ISS에 설치된 혁신적인 3D프린터 덕분에 우주비행사들은
실시간으로 필요한 부품과 도구를 직접 제작하여 사용할 수
있게 되었다. 더 이상 지구로부터 보급품이 도착하기까지 몇
달씩 기다릴 필요가 없어진 것이다. 2021년에는 레드와이어가
테크샷을 인수하여 금속 3D 프린팅을 포함한 우주 제조 기술이
확장되면서, 우주에서의 자원 활용 효율성이 크게 향상되었다.

우주 생활을 확장하는 창, 식탁, 사람

무인우주선과 유인우주선을 구분하는 중요한 특징 중 하나는 유리 창문의 존재 여부다. 투명한 유리는 안에서 밖을, 혹은 밖에서 안을 볼 수 있는 투과성을 지닌다. 이러한 투과성은 다른 소재로 대체하기 어려운 고유한 특성이지만, 충격에 취약하다는 한계도 함께 가지고 있다.

이처럼 우주에서 유리의 역할은 특별하다. 우주선의 창문과 관측 장비에 사용되는 유리는 인간이 우주를 바라보는 유일한 창구였다. 특히 미국의 유리 제조 회사 코닝Corning은 1960년대 NASA와의 첫 협력을 통해 우주용 유리 기술 개발을 주도해 왔다. 1961년부터 진행된 프로젝트 머큐리의 내열 유리 창문 개발 과정에서, 1962년 존 글렌의 지구 궤도 비행을 통해 유리의 우주에서의 관측 창구 역할을 증명했다.

초기 우주탐사에서 가장 큰 도전은 극한의 온도 변화와 우주방사선에 견딜 수 있는 투명 소재를 개발하는 것이었다. 이러한 기술적 과제는 1969년 아폴로 11호 달 착륙 미션을 통해 실질적인 성과를 보여주었다. 달착륙선의 열 차단 창문은 달 표면의 극한 환경—낮에는 120°C, 밤에는 -170°C에 달하는 온도 차이—에서도 성공적으로 작동했다. 이후 1970년대부터 본격 운용된 우주왕복선 시대에는 한층 더 까다로운 조건이 요구되었다. 대기권 재진입 시 수천 도의 고온을 견뎌야 하는 창문 기술 개발이 새로운 필수 과제로 대두되었기 때문이다.

우주 망원경 분야에서도 유리 기술은 혁신을 거듭했다. 1990년 허블 우주 망원경의 주 거울에는 ULE 초저팽창 유리가 사용되었고, 2009년 케플러망원경, 그리고 최근 2021년 제임스 웹 우주 망원경에 이르기까지 각각의 미션은 더욱 정밀하고 내구성 있는 광학 소재를 요구했다. 특히 제임스 웹 우주 망원경의 경우 절대영도에 가까운 극저온에서도 완벽한 광학 성능을 유지하는 조건을 충족해야 했다.

하지만 현대 우주선 창문 설계는 전통적인 유리에서 벗어나 새로운 방향으로 진화하고 있다. 무게와 안전성의 한계를 극복하기 위해 아크릴과 폴리카보네이트 같은 플라스틱 소재가 주목받고 있다. NASA의 창문 전문가 린다 에스테스에 따르면, 이러한 소재 전환은 무게 감소와 구조적 안정성 향상을 목표로 한다. 플라스틱 소재는 기존 유리 대비 약 75%의 무게를 줄일 수 있으며, 깨지지 않는다는 결정적인 장점이 있다.[6]

국제우주정거장의 상징이 된 관측 모듈 큐폴라(Cupola). 여섯 개의 측면 창과 한 개의 수직 창을 통해 바깥 우주를 볼 수 있다. © NASA

최신 우주선들은 하이브리드 방식을 채택하고 있다. NASA의 오리온 우주선은 유리와 플라스틱을 조합한 창문을 사용하며, 일부 상업용 우주선은 완전히 플라스틱 창문을 도입하고 있다.

6 NASA APPEL, "Spacecraft Window Design", https://appel.nasa.gov/podcast/episode-59-spacecraft-window-design/

이는 단순한 소재 교체를 넘어 우주선 설계 철학의 변화를
보여준다.

차세대 우주여행에서는 창문이 승객의 시각 경험을
물리적으로 바꿔놓을 것이다. 스페이스X를 비롯한 민간 우주
기업들은 360도 전망이 가능한 대형 돔 창문, 거대한 파노라마
창문 등을 실험하고 있다. 이러한 새로운 창문 설계는 우주 관광
시대를 대비한 것으로, 우주여행자들에게 더 넓고 선명한 우주
관찰 환경을 제공할 것으로 기대된다.

우주선 창문 기술의 발전은 단순한 소재와 구조의 개선을
넘어 우주탐사 자체의 경험을 바꾸고 있다. 초기의 작고
제한적인 관측 창에서 출발하여, 이제는 인간이 우주와 직접
마주할 수 있는 완전히 새로운 시각적 경험을 가능하게 하고
있다.

2021년부터 MIT 미디어랩에서는 우주 환경에서의 식품
생산을 위한 장비인 '우주 발효 체임버 Space Fermentation Chamber'를
개발했다. 이 프로젝트는 우주정거장과 같은 밀폐된 환경에서
최소한의 인프라로 안전하고 맛있는 음식을 만들 수 있도록 발효
과정을 최적화하는 데 초점을 맞추고 있다.

우주 발효 체임버는 정밀한 온도 제어 장치, 가스 배출
시스템, 환경 데이터 수집 센서, 모듈식 식품 저장 시스템을
갖추고 있으며, 이 시스템은 단순히 음식을 생산하는 것을
넘어서 우주 거주지의 전체 생태계를 지원하는 역할을 한다.
발효 과정에서 생성되는 이산화탄소를 식물 재배 시스템에
공급하고, 재활용된 물을 활용하여 자원 순환 체계를 구축하는
것이다.

현재 개발 중인 이 장치는 포물선 비행 테스트를 거쳐
ISS에서의 실제 운용을 위한 준비 단계에 있다.
미생물을 활용한 발효 기술은 장기간 우주탐사에서

영양가 높은 식품을 지속적으로 공급할 수 있는 핵심 기술로 주목받고 있다.

유럽우주국ESA은 2021년 우주비행사 모집에서 처음으로 파라스트로노트 Parastronaut—장애인 우주비행사 프로그램을 도입했다. 지원 자격은 심리적, 인지적, 기술적, 전문적으로 우주비행사 요건을 충족하지만, 기존 우주 시스템의 물리적 기준으로 인해 선발되지 못했던 신체장애가 있는 개인들이었다.

구체적으로는 키가 130㎝ 이하이거나 하지 장애가 있더라도 전문 지식과 기술을 갖췄고 심리적 결함이 없다면 우주비행사가 될 수 있다는 것이다. 2022년 11월 유럽우주국이 발표한 새로운 우주비행사 22명 명단에는 이 프로그램을 통해 선발된 세계 최초의 파라스트로노트 존 맥폴이 포함되었다.

이러한 변화는 단순한 상징적 의미를 넘어선다. 사회 전반에서 여성, 장애인, 유색인종 등 소수자에 대한 포용성이 중요한 가치로 재조명되면서, 그동안 기술적 완벽성에만 집중해 왔던 우주산업에도 새로운 관점이 요구되고 있다.

마찬가지로 소수자의 우주탐사 참여는 21세기 우주 프로젝트에서 고려해야 할 핵심 요소가 되었다. 이는 단순히 사회적 공정성 차원을 넘어, 다양한 신체 조건과 관점을 가진 사람들이 참여함으로써 우주 기술과 시설의 설계 자체를 더욱 혁신적으로 만들 수 있다는 인식에서 비롯된다.

앞으로 우주산업에서는 다양한 사용자를 고려한 포용적 디자인에 대한 수요가 증가할 것으로 예상한다. 이는 우주탐사가 소수 엘리트의 전유물에서 인류 전체의 공동 프로젝트로 확장되는 중요한 전환점을 의미한다.

참고 문헌

단행본

박영석,『21세기 SF영화의 논점들』(아모르문디, 2019).

레이너 벤험, 윤재희 · 지연순 옮김,『제1기계시대의 이론과 디자인』(세진사,
　　　　1987).

샬롯 피엘 · 피터 피엘, 이경창 · 조순익 옮김,『디자인의 역사』(시공문화사,
　　　　2015)

할 포스터 외,『1900년 이후의 미술사: 모더니즘 반모더니즘
　　　　포스트모더니즘』(세미콜론, 2007).

히로시 카시와기,『디자인과 유토피아: 모던 디자인은 무엇을
　　　　꿈꾸었나』(홍디자인, 2001).

Annie J, *Operation Paperclip: The Secret Intelligence Program that
　　　　Brought Nazi*(Hachette UK, 2014).

Sobchack, V. C., *Screening space : the American science fiction
　　　　film*(Rutgers University Press, 1997).

논문 · 보고서

이서영 · 김상규,「뉴 스페이스 시대의 새로운 디자인 패러다임 형성 가능성」,
　　　　『한국디자인학회 학술발표대회 논문집』(2022. 5), 182-183쪽.

이서영,「왜 여성을 위한 우주복 디자인은 없는가: 1950-1970년대 미국
　　　　우주산업을 중심으로」,『Extra Archive 5』(2022), 120-129쪽.

NASA, "Results of the First US Manned Orbital Space Flight", 1962.

Skoog, A. I., Abramov, I. P., Stoklitsky, A. Y., & Doodnik, M. N., "The
　　　　Soviet-Russian space suits: A historical overview of the
　　　　1960's", 2002.

웹페이지

조르주 멜리에스. (n.d.). Google Arts & Culture, Retrieved from https://
　　　　artsandculture.google.com/story/CQXRJW0P8DeIIg?hl=ko

Axiom Space reveals next-generation spacesuit for astronauts returning
　　　　to lunar surface. (n.d.). Axiom Space, Retrieved April 30, 2023,
　　　　from https://www.axiomspace.com/press-kit/axemu

Commercial Orbital Transportation Services (COTS).(n.d.). NASA.
　　　　Retrieved from https://www.nasa.gov/commercial-orbital-
　　　　transportation-services-cots

Dr. Robert H. Goddard, American Rocketry Pioneer. (n.d.). NASA,
        Retrieved from https://www.nasa.gov/centers/goddard/about/
        history/dr_goddard.html

Interview with Galina Balashova. (n.d.). Design Museum, Retrieved from
        https://www.design-museum.de/en/ueber-design/interviews/
        detailseiten/interview-with-galina-balashova.html

Made in Space – 1st ISS 3D Printer. (n.d.). Spaceflight 101, Retrieved June
        9, 2023, from https://www.nasa.gov/missions/station/open-
        for-business-3-d-printer-creates-first-object-in-space-on-
        international-space-station/

Starship. (n.d.). SpaceX, Retrieved June 9, 2023, from
        https://www.spacex.com/vehicles/starship/

VIPER Mission Overview. (n.d.). NASA. Retrieved May 1, 2023, from
        https://www.nasa.gov/viper/overview#TheMoonisNotMars

아스트롤라베에서
아르테미스까지

김상규

산업디자인을 전공하고 퍼시스에서 의자 디자이너로,
예술의전당 디자인미술관에서 큐레이터로 일했다.
한국디자인문화재단의 설립부터 폐지까지,
정책연구팀장과 사무국장을 겸직했다. 디자인뮤지엄과
디자인아카이브 관련 연구를 해왔으나 생태전환 디자인과
사물 연구, 20세기 사회주의 체제의 디자인에 더 관심을
두고 있다. 한국의 디자인 전시에 대한 애정과 절망을
담은 『관내분실: 1999년 이후의 디자인 전시』를
비롯하여 『디자인과 도덕』, 『의자의 재발견』 등을
썼고, 『뉴 큐레이터』, 『사회를 위한 디자인』, 『파워 오브
디스플레이』 등을 옮겼다.

기원전 1800년경

바빌로니아인들이 별자리 관찰을 근거로 황도 12궁을 기록.

기원전 550년경

피타고라스가 금성을 발견.

기원전 350년경

아리스토텔레스가 『천체에 관하여 De Caelo』를 저술.

기원전 300년경

알렉산드리아 도서관 건립. 3~7세기 사이에 파괴된 것으로 알려져 있고, 2002년 이집트에 새로이 건립되었다.

19세기 독일 화가 코르벤(O. Von Corven)이 당시 고고학적 증거를 토대로 그린 알렉산드리아 도서관

알렉산드리아는 기원전 300년경부터 약 600년 동안 인류를 우주의 바다로 이끈 지적 모험을 잉태하고 양육한

곳이다. ··· 도서관 소속 학자들은 코스모스 전체를 연구했다.
코스모스(Cosmos)는 우주의 질서를 뜻하는 그리스어이며
카오스(Chaos)에 대응하는 개념이기도 하다. 코스모스라는
단어는 만물이 서로 깊이 연관되어 있음을 내포한다. 그리고
우주가 얼마나 미묘하고 복잡하게 만들어지고 돌아가는지에
대한 인간의 경외심이 이 단어 하나에 고스란히 담겨 있다.

칼 세이건, 홍승수 옮김, 『코스모스』(사이언스북스, 2006), 55-56쪽.

기원전 150년경

천문학자 히파르코스가 천체 관측기인 아스트롤라베Astrolabe를
발명했다고 전해진다.

1650년경 제작된 것으로 추정되는 아랍어 문자가 새겨진 황동 아스트롤라베
© Science Museum, London

고대의 스마트폰이었던 아스트롤라베는 무엇보다 시간과
위치를 한꺼번에 알려 주는 장치다. 회전하는 원형의 성도로
이루어진 이 측정 도구는 특정 위도에서 볼 수 있는 별을 알려
주었으며, 움직이는 원판과 바늘로 하늘의 가장 밝은 별과
일식, 월식을 표시했다. … 이를 처음 직접적으로 다룬 문헌은
375년경에 그리스의 천문학자이자 수학자인 테온이 쓴 『작은
아스트롤라베에 관해』다. 아스트롤라베는 주로 별이 지평선
위로 떠오르는 각도를 측정하고, 북극성을 관측해 관측자의
위도를 알아내는 용도로 쓰였다.

스텐 오덴발드, 홍주연 옮김, 『100가지 물건으로 보는 우주의 역사』(스테이블,
2025), 47쪽.

1584년

이탈리아의 철학자이자 사제 조르다노 브루노가 『무한한
우주와 세계에 관하여 Dell infinito universo e mondi』를 출간.
우주가 무한하다는 주장을 굽히지 않아서 이교도로 선고되어
화형을 당했다.

1610년

갈릴레오 갈릴레이가 『별의 전령 Sidereus Nuncius』을 출간.
지구 중심적인 우주론에 대한 도전으로 목숨을 잃을 위험에
처했었다. 1992년에 바티칸은 당시 교황이 갈릴레오에게
내린 유죄 판결이 잘못되었음을 인정했다.

1634년

독일의 수학자 요하네스 케플러가 소설 『솜니움 Sómnium』을
출간. '꿈'이라는 뜻의 라틴어 제목에서 알 수 있듯이

달 여행을 꿈꾸는 내용을 담고 있으며 최초의 과학소설이라고
평가받기도 한다.

1705년

영국의 천문학자 에드먼드 핼리Edmond Halley가 24개 혜성의
궤도를 최초로 정리한『혜성 천문학 총론Synopsis Astronomia
Cometicae』을 발표.

> 에드먼드 핼리가 1531년, 1607년, 1682년에 출현했던 혜성들이
> 모두 같은 혜성으로서 76년마다 되돌아온다는 사실을 계산으로
> 밝혀냈다. 동시에 이 혜성이 1758년에 다시 올 것이라고
> 예측했다. 혜성은 때맞춰 나타났고 그래서 핼리 사후에 이
> 혜성은 '핼리 혜성'이라는 이름으로 불리게 됐다.
>
> 칼 세이건, 『코스모스』, 177쪽.

1743년

영국의 선장 존 서슨이 자이로스코프의 원형이 되는
'회전하는 검경whirling speculum'을 개발. 이를 바탕으로,
축을 중심으로 어느 방향이든 빠르게 회전하는 장치인
자이로스코프가 등장했으며 1935년에 미국의 로켓 과학자
로버트 고더드가 자이로스코프 3개를 결합하여 로켓의
자세를 감지하는 장치로 발전시켰다.

1851년

프랑스의 과학자 레옹 푸코가 지구의 자전을 증명해 냈다.
지하실에서 실험한 뒤, 팡테옹의 돔에서 길이 67m의
철선에 28kg의 추를 단 '푸코의 진자'로 시간이 지남에 따라
진동면이 회전함을 공개적으로 입증했다.

1851년 1월 8일 꼭두새벽, 파리 뤽상부르공원에서 멀지 않은
아싸(Assas)가의 한 집에서 지구가 축을 중심으로 자전한다는
직접적인 증거가 처음으로 제시되었다. 레옹 푸코(Leon
Foucault)라는 이름의 작고 연약한 사내가 자신의 집
지하실에서 연구를 거듭하며 밝혀낸 결과였다.

인류는 푸코의 실험 결과를 2000년이나 기다려왔다. 기원전
3세기 이후 소수의 반항적인 사상가들은 태양과 별이 매일 뜨고
지는 것은 지구가 자전운동을 하기 때문이라고 추측했다.

앨런 라이트먼, 김성훈 옮김, 『우리에게는 다양한 우주가 필요하다』(다산북스,
2016), 185쪽.

1865년

줄 베른이 소설 『지구에서 달까지』를 출간.

베른의 소설에는 인류의 첫 번째 달 궤도 탐사선이 1869년
12월, 3명의 승무원을 태우고 플로리다에서 발사되는 것으로
그려졌다. 비록 시기가 정확히 일치하지는 않지만, 아폴로
8호도 승무원 3명을 태우고 그가 상상한 때로부터 정확히 한
세기 후인 1968년 12월, 플로리다에서 발사됐다.

아메데오 발비, 장윤주 옮김, 『당신은 화성으로 떠날 수 없다』(북인어박스,
2024), 70쪽.

1897년

허버트 조지 웰스가 SF소설 『우주 전쟁 *The War of the Worlds* 』을
영국 《피어슨즈 매거진 *Pearson's Magazine* 》에 처음 연재하여
1898년에 단행본으로 출간되었다.

1902년

프랑스의 조르주 멜리에스가 영화 「달세계 여행 Le Voyage dans la lune」을 상영.

1903년

러시아 과학자 콘스탄틴 치올콥스키가 「반작용 장치를 이용한 우주공간 탐험」이라는 논문을 발표. 이는 로켓이 대기권을 돌파해 지구 궤도를 돌 수 있음을 처음으로 증명한 이론이다. 하지만 소비에트 집권 시기에는 공산주의 철학과 상충한다는 이유로 수감되기도 했다.

1906년

니콜라이 표도로프의 저서 『공통 과제의 철학』 1부가 그의 사후 3년 만에 출간.

1927년

팽창하는 우주 이론이 처음 제시되었다.

> 벨기에의 천문학자이자 가톨릭 사제였던 조르주 르메트르(Georges Lemaitre)는 작았던 상태에서 시작해 기하급수적으로 성장한 '폭발하는' 우주모형을 처음으로 제시했다. 은하들이 서로 멀어진다는 관측 자료를 바탕으로 르메트르는 우리 우주가 '우주의 알(Cosmic egg)'에서 탄생했으리라 추측했다. 그의 결론은 2년 뒤에 에드윈 허블의 관측으로 검증되었다.
>
> 로라 머시니-호턴, 박초월 옮김, 『무한한 가능성의 우주들』(동녘사이언스, 2024), 63쪽.

1928년

러시아 과학자 콘스탄틴 치올콥스키가 『우주의 유래』를 출간.

1930년

2월 18일. 미국의 천문학자 클라이드 톰보가 명왕성 발견.
2006년 국제천문연맹IAU이 정한 행성 기준으로는 규모와
궤적 등 맞지 않는 부분이 있어서 태양계 행성 지위를 잃었고
현재는 왜소행성으로 분류된다.

January 23, 1930   January 29, 1930

클라이드 톰보가 명왕성을 발견하고 촬영한 사진에 명왕성 위치를 표시했다.
© Lowell Observatory Archives

1933년

스위스 천문학자인 프리츠 츠비키Fritz Zwicky가 처음으로
암흑물질Dark Matter의 존재를 제안.

1942년

10월 3일. 독일이 베르너 폰 브라운의 'V-2 로켓'을 발사.
'V'는 'Vergeltung(보복)'의 첫머리에서 따온 것이다.

제공권을 상실한 상태에서 히틀러가 연합군에 보복할 무기라는 의미를 담아 지은 이름이다.

　탄도궤적으로 우주에 도달한 최초의 로켓은 1942년 독일 발트해 연안의 섬인 페네뮌데에서 발사되어 고도 190 km까지 날아갔다가 다시 내려온 V−2였다.

레스 존슨, 이강환 옮김, 『별을 향해 떠나는 여행자를 위한 안내서』(문학수첩, 2024), 44쪽.

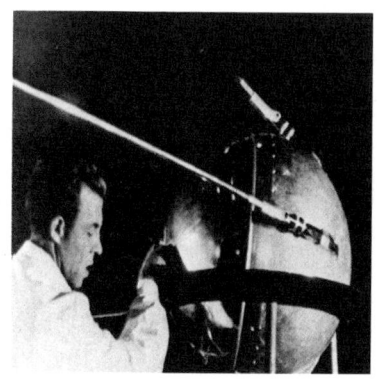

스푸트니크 탑재 준비 과정 ⓒ NASA/Asif A. Siddiqi

과학자들이 뱅가드 1호를 로켓에 탑재하는 장면 ⓒ U.S. Navy

1957년

10월 4일. 러시아의 인공위성 '스푸트니크 1호' 발신음이
18초 동안 지구에서 수신되었다. 71일간 궤도를 돌다가
1958년 1월 4일에 대기권에서 소멸되었다.

1958년

3월 17일. 미국 해군연구소가 '뱅가드 1호 Vanguard 1'를 발사.
지금도 지구를 돌고 있으며 세계에서 가장 오래된 위성으로
남아있다.

> 소련은 10월 스푸트니크호 발사 이후 크리스틴이 졸업생
> 대표로 답사할 때까지 두 개의 위성을 더 발사했다. 라이카라는
> 우주개를 태운 스푸트니크 2호와 스푸트니크 3호였다. 미국은
> 그 뒤를 좇아 익스플로러 1호와 뱅가드 1호를 쏘아 올렸지만,
> 열한 번의 뱅가드호 발사 시도 중 여덟 번이 실패했다.
>
> 마고 리 셰털리, 고정아 옮김, 『히든 피겨스』(동아엠엔비, 2017), 217쪽.

7월 29일. 미국 아이젠하워 대통령이 국가 항공우주법에
서명하여 NASA가 설립되었고 10월 1일에 업무를 개시했다.

로버트 A. 하인라인이 소설 『우주복 있음, 출장 가능』을 출간.

> "아빠, 달에 가고 싶어요." 내가 말했다.
> "그러렴." 아빠는 그렇게 대답하고 다시 책으로 눈을 돌렸다.
> "네…. 근데 어떻게요?"
> "그거야 네가 해결할 문제지. 클리퍼드."
>
> 로버트 A. 하인라인, 최세진 옮김, 『우주복 있음, 출장 가능』(아작, 2016), 11쪽.

1959년

7월 27일. 국방부 과학연구소가 한국 최초의 로켓
시험발사에 성공.

1961년

4월 12일. 유리 가가린이 처음으로 지구 저궤도에 진입.

유리 가가린은 인류 최초로 우주에 나간 사람이자 인류 최초로
지구를 궤도 비행한 사람이 되었다. "우리가 이길 수 있었다.
우리가 이겨야 했다." 머큐리 계획의 비행 책임자 크리스
크래프트는 수십 년 후에 회고했다.

마고 리 셰털리, 『히든 피겨스』, 279쪽.

유리 가가린이 발사장으로 버스를 타고 이동하는 장면 ⓒ NASA

1964년

이탈리아가 '산 마르코 1호' 위성을 발사.

'블랙홀' 용어가 처음 등장.

> 1964년 앤 어윙(Ann Ewing) 기자의 기사에 처음 등장했고,
> 1967년 존 아치볼드 휠러(John Archibald Wheeler)가
> 한 학술회의에서 사용하면서 정착됐다. 그 후로 블랙홀은
> 일반인이나 전문가 모두를 사로잡았다.
>
> 하이노 팔케 · 외르크 뢰머, 김용기 · 정경숙 옮김, 『이것이 최초의 블랙홀 사진입니다』(에코리브르, 2023), 108쪽.

1965년

미국 벨 연구소의 천문학자인 아노 펜지어스와 로버트 윌슨이 우주배경복사(우주공간의 모든 방향에서 같은 강도로 날아오는 전자기파)를 처음으로 검출했다.

> 1965년에 있었던 우주 초단파 배경복사의 검출은 20세기의
> 가장 중요한 발견 중의 하나였다. … 궁극적으로 1965년에 3K
> 배경복사의 발견이 이룩한 가장 중요한 공로는 우리 모두에게 초기
> 우주가 있었다는 것을 진지하게 생각하도록 강요했다는 것이다.
>
> 스티븐 와인버그, 신상진 옮김, 『최초의 3분』(양문, 2005), 169쪽, 181쪽.

1966년

9월 8일. 미국 NBC 방송국에서 『스타트렉』이 텔레비전 시리즈로 처음 방송. 2260년대 우주공간에서 다양한 국적과 인종으로 구성된 팀의 활약을 담은 이 드라마는 여러 후속 TV 시리즈, 영화, 게임 등으로 제작되었다.

1967년

달과 기타 천체를 포함한 우주공간을 한 국가가 독점적으로
개발하는 것을 막고 평화적 목적으로만 사용을 허용하는
우주 조약Outer Space Treaty이 체결되었다. 우주탐사는 경제나
과학의 발달 정도와 관계없이 모든 국가의 이익을 위해
수행되어야 한다는 조건을 내걸고 있으며 한국도 이 조약에
합의했다.

1월 27일. '아폴로 1호'의 승무원 3명이 발사대에서 화재로
사망.

아폴로 1호의 승무원들이 사망했다. 그것도 우주가 아닌
발사대에서 90초 동안 지속된 화재로 말이다! 승무원들은 탈출할
방법이 없어 아폴로 우주선의 캡슐에 갇혀 있었고, 나사는 처음으로
우주비행사를 잃는 고통을 견뎌야 했다.

데이브 윌리엄스 · 엘리자베스 하월, 강주헌 옮김, 『나사는 어떻게
일하는가』(현대지성, 2024), 14쪽.

1968년

12월. 유인 탐사선 '아폴로 8호'가 달 궤도 진입.

이들의 주된 임무는, 이후 계획된 아폴로 11호의 착륙 사전
준비를 위해 달 표면의 고해상도 사진을 수집하는 것이었다.
그러나 이 탐사에서 얻은 가장 값진 결과물은 뜻밖에도 지구의
모습이 담긴 사진 한 장이었다. … "곧 달은 지루해졌다. 마치
더러운 모래밭 같았다. 그러다 불현듯이 지구를 바라봤다.
그곳은 우주에서 유일하게 색이 있는 곳이었다."

아메데오 발비, 『당신은 화성으로 떠날 수 없다』, 11-12쪽.

1968년 12월 24일 우주비행사들이 우주선에서 바라본 지구와 달의 모습

스탠리 큐브릭과 아서 C. 클라크가 함께 각본을 맡은 영화 「2001: 스페이스 오디세이」가 상영되었고, 이후에 아서가 이를 소설 『2001 스페이스 오디세이』로 출간했다.

1969년

7월 20일. 닐 암스트롱, 버즈 올드린이 최초로 지구가 아닌 다른 천체에 발을 디뎠다.

버즈 올드린이 달 표면에서 닐 암스트롱을 촬영한 사진

1970년

2월 11일. 일본이 첫 인공위성을 발사.

4월 14일. '아폴로 13호'가 달에 착륙하기 전에 산소 탱크가 폭발해서 우주선이 심각한 손상을 입었다. NASA 팀과 교신하면서 우주선에 실린 물건들을 분해 재활용하는 방식으로 무사히 귀환했다. 이 사건을 바탕으로 1995년에 영화「아폴로 13」이 제작되기도 했다.

4월 24일. 중국 최초의 인공위성이 궤도에 진입. 이날은
중국에서 '우주의 날'이 되었다.

1971년

4월 19일. 러시아가 '살류트 1호'를 발사하여 세계 최초의
우주정거장을 건설. 3명의 승무원을 태운 '소유스 11호'가
우주정거장 도킹에 성공했고, 살류트 1호에서 23일을 보낸
후 지구로 귀환했다. 그러나 그들 모두 질식사한 상태였고,
우주공간에서 사망한 유일한 사건으로 남아있다.

1972년

'우주 물체에 의하여 발생한 손해에 대한 국제 책임에 관한
협약'이 체결되었다. 이 협약은 우주 물체로 인해 지구상에
손해가 발생했을 때 발사국이 절대적으로 배상 책임을
지도록 규정짓고 있다.

12월 14일. NASA가 11번째 발사한 '아폴로 17호'가
달을 떠났다. 이로써 NASA의 유인우주선 프로젝트가
종료되었으며, 이후로 달에 발을 디딘 사람은 지금까지는
아무도 없다.

안드레이 타르코프스키가 감독을 맡은 영화「솔라리스」
상영. 스타니스와프 렘의 소설『솔라리스』(1961)가 원작이다.

1975년

유럽 10개국이 참여하여 '유럽우주국'을 설립. 현재 22개국이
회원국으로 참여하고 있다.

1977년

9월 5일. NASA의 '보이저 1호'가 우주 여정을 시작했다.

조지 루카스가 감독과 각본을 맡은 영화 「스타워즈」 상영.
이후 오리지널 3부작과 프리퀄 3부작 등 여러 편의 시리즈
영화가 최근까지 제작됐다.

1979년

유엔 총회에서 달조약Moon Agreement을 채택했다. 달을 인류
공동의 유산으로 규정하여 특정 국가가 개발하는 것을 막고
평화적인 목적을 위해서만 사용을 허용하고 있다.

> 서명 국가가 너무 적어 실효성이 없다. 다만 아직도 미국, 중국,
> 러시아 등 우주 선진국들이 비준하지 않았다는 점에서 주목할
> 가치가 있다.
>
> 팀 마샬, 윤영호 옮김, 『지리의 힘 3』(사이, 2025), 110쪽.

1981년

4월 12일. NASA가 최초의 우주왕복선인 '컬럼비아호'를 발사.

1986년

1월 28일. 우주왕복선 '챌린저호'가 발사 73초 만에 폭발하여
탑승자 7명 전원이 사망.

프랑스가 상업용 관측위성 'SPOT-1호'를 발사. 해상도
20m(가로세로 길이가 20m인 물체를 점으로 식별)의
컬러사진을 촬영할 수 있었다.

1990년

2월 14일. '보이저 1호'가 태양으로부터 60억km 떨어진
지점에서 바라본 지구를 촬영해 전송해 왔다. 칼 세이건은
그 작은 지구의 이미지를 보고 '창백한 푸른 점'이라는
이름을 붙였다.

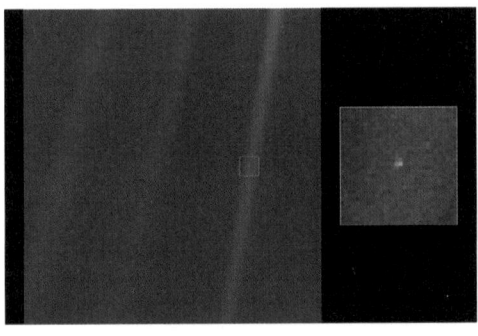

보이저 1호가 전송한 사진 원본과 지구 부분을 확대한 이미지 ⓒ NASA

4월 24일. NASA가 우주왕복선 '디스커버리호'로 12톤에
달하는 허블 우주 망원경을 쏘아 올려 궤도에 진입시켰다.

> 1990년 허블 우주 망원경이 출현한 이래로 우리는 은하단을
> 아주 자세하게 연구할 수 있었다.
>
> 프레드 왓슨, 조성일 옮김, 『우주연대기 – 우주 사용 설명서』(시간여행, 2021),
> 272쪽.

1992년

러시아가 '러시아 우주군'을 창설. 현재는 러시아 항공우주군 예하에 소속되어 있다.

8월 11일. 한국의 첫 소형 인공위성인 우리별 1호KITSAT-I, KaIST SATllite를 발사하여 인공위성 보유 국가로 등록했다.

1995년

프랑스가 스페인, 이탈리아와 공동으로 개발한 '헬리오스Hélios' 군사위성을 발사. 해상도 1m(가로세로 길이가 1m인 물체를 점으로 식별)의 흑백사진을 촬영할 수 있었다. 현재는 다국적 기업인 에어버스에서 운영하는 플레이아데스Pléiades 시스템으로 대체되어 민간과 프랑스 및 이탈리아 국방부에 정보를 제공한다.

1996년

2월 15일, 중국의 창정長征 3B 로켓이 시창 위성 발사 센터에서 발사 2초 후에 추락해 6명이 사망하고 57명이 다쳤다.

1997년

7월 4일. 1996년 12월 4일에 발사한 '패스파인더'가 화성에 착륙. 패스파인더의 경사로를 타고 첫 로버인 '소저너Sojournor'가 무사히 화성 표면에 안착하여 주행하기 시작했다.

1998년

암흑에너지 개념이 제시되었다. 이 개념은 몇 차례 반론이
제기되어 논쟁 중이다.

> 저명한 천체물리학자 솔 펄머터, 애덤 리스, 브라이언 슈밋이
> 깜짝 놀랄 만한 발표를 했다. 우주가 또다시 인플레이션, 즉
> 가속 팽창을 겪고 있다는 것이었다!
> 우주에 다시 인플레이션을 일으키고 있는 에너지의 이름은
> 신비롭고도 불길하게 들린다. 바로 암흑에너지(Dark
> energy)이다.
> 로라 머시니-호턴, 『무한한 가능성의 우주들』, 126쪽.

국제우주정거장 건설 시작.

> NASA는 이 셔틀 프로그램에 따라 1998년부터 지구 궤도를
> 90분에 한 바퀴씩 도는 국제정거장을 짓기 시작했는데
> 거기에는 미국뿐 아니라 유럽, 러시아, 일본, 캐나다 등 여러
> 나라가 참여했다. … 2023년 9월 기준 국제우주정거장에는
> 21개국에서 271명의 비행사가 다녀갔다. 왕복선은 우주정거장
> 건설에 필요한 수많은 재료를 우주로 운송했고, 우주인들은
> 그것들을 조립하고 필요한 수리를 수행했다.
> 폴 윤, 『우리가 우주에 가야 하는 이유』(EBSBOOKS, 2023), 86쪽.

아프리카 대륙의 첫 번째 인공위성인 이집트의 '나일셋Nileset
101'이 궤도 진입에 성공.

인간의 화성 탐사를 목표로 하는 민간단체인 화성학회The
Mars Society 창설. 매년 국제학술대회를 열어 화성
이주, 탐사와 관련된 연구 성과를 공유하고 있다.

2003년

2월 1일. 우주왕복선 '컬럼비아호'가 지구 대기권에
재진입하는 과정에서 폭발하여 승무원 7명 전원이 사망.

화상 탐사 로버 '스피릿Spirit'과 '오퍼튜니티Opportunity'가
6월 10일, 7월 7일에 차례로 발사되었고 2004년 1월 화성에
도착했다. 스피릿은 2011년 5월, 오퍼튜니티는 2019년
2월까지 예상보다 훨씬 긴 시간 동안 활동했다.

2005년

5월 31일. 국가 우주개발의 진흥, 이용, 관리, 책임 등에 대한
법적 틀을 마련하기 위한 최초의 종합법인 '우주개발 진흥법'
공포.

2007년

중국의 무인우주선 '창어 1호'가 달 궤도를 순환.
'창어'는 중국의 민간설화에서 남편으로부터 불사의
영약을 훔쳐 마시고 달로 달아난 선녀의 이름이다.

2008년

중국, 방글라데시, 이란, 몽골, 파키스탄, 태국, 튀르키예가
주축이 되어 아시아태평양우주협력기구APSCO를 설립. 유럽
우주국을 모델로 삼은 이 기구는 베이징에 본부를 두고 있다.

인도가 '찬드라얀 1호Chandrayaan-1'의 달 탐사에 성공하여
달의 극지방에서 거대한 얼음 퇴적물을
발견함으로써 물의 존재 가능성을 밝혀냈다.

4월 8일. 한국 최초의 우주인 이소연이 러시아
바이코누르 우주기지에서 소유스 TMA-12 발사를 통해
국제우주정거장으로 비행하여 18가지 과학 임무를 완수하고
4월 19일 소유스 TMA-11 편으로, 지구로 무사 귀환했다.
이는 한국 정부가 추진한 우주인 배출 사업에 따른 것으로,
2006년 4월부터 12월까지 4차의 선발 과정을 거쳐 약 3만
6000명의 지원자 가운데 고산과 이소연이 최종 후보로
선발된 바 있다.

2009년

3월 7일. NASA에서 '케플러 Kepler호'를 발사.

> 케플러호의 임무는 다른 항성의 '생명체 거주 가능 지역'을
> 공전하는 행성을 찾아내는 것이었다. '생명체 거주 가능
> 지역'이란 기온이 물이 얼 정도로 춥지도 않고, 물이 끓을
> 정도로 뜨겁지도 않은 지역을 말한다.
>
> 앨런 라이트먼, 『우리에게는 다양한 우주가 필요하다』, 129쪽.

퇴역한 러시아의 코스모스 2251 통신위성이 미국의
민간위성 이리듐과 시베리아 상공 $800km$에서 충돌.
이 사건으로 약 2,000개의 파편이 생겨났다.

2011년

NASA의 '엔데버 Endeavour호'가 마지막 임무를 수행하고
퇴역했다. 이로써 우주인 탑승 셔틀 프로젝트는 컬럼비아호
이래 30여 년간 총 5기를 발사한 것으로 기록되었다.

2012년

8월 6일. 화성 탐사선 '큐리오시티 로버 Curiosity rover'가 화성에 착륙.

2013년

1월 30일. 한국 최초의 우주발사체 나로호 KSLV-I가 3차 시도 끝에 발사 성공.

11월 18일. NASA가 화성 탐사선 '메이븐(MAVEN: Mars Atmosphere and Volatile Evolution)'을 발사. 10개월 뒤인 2014년 9월 22일 화성에 도착했다. 이를 통해 화성도 초기에는 지구처럼 대기도 있고 물도 있었으나 35억 년 전부터 어떤 이유로 상실되었음을 확인한 바 있다.

영화「그래비티 Gravity」상영. 우주쓰레기의 위협을 다룬 케슬러 Kessler의 이론에서 착안하여 제작되었다.

2016년

9월 15일. 중국의 우주정거장 '텐궁天宫 2호'가 발사되었다. 우주비행사 2명이 도킹에 성공한 후에 한 달 동안 머물렀다.

2018년

세계 최대의 전파망원경 중 하나인 '미어캣 MeerKAT'이 남아프리카공화국의 노던케이프에서 가동을 시작했다.

미어캣 ⓒ SKAO/SARAO

2019년

4월 10일. 지구로부터 5만 광년 떨어진 M87 은하의
중심부에 있는 초대형 블랙홀 사진이 공개되었다.
사건의지평선망원경EHT 국제공동연구팀이 2017년 세계
8곳에 설치된 전파망원경을 네트워크로 연결하여 촬영한
인류 최초의 블랙홀 포착 사진이다. 이 팀은 2018년 데이터를
토대로 2024년에도 이미지를 공개했다.

> 우리는 서로 다른 나흘의 관측일과 각각 다른 세 가지
> 알고리즘에 따른 이미지, 즉 12개의 이미지를 갖고 있다. 결국,
> 이미징 그룹은 세 가지 다른 알고리즘을 평균화해 2017년
> 4월 가장 좋은 관측일의 데이터로 하나의 이미지를 만들기로
> 결정했다. … 빅뱅이 시공간의 시작이라면 블랙홀은 끝과 같은
> 의미를 지닌다. 따라서 나는 다음과 같은 말로 내 기자회견을
> 마무리했다. "우리는 지옥의 문을 보고 있는 것 같습니다."
> 하이노 팔케, 외르크 뢰머, 『이것이 최초의 블랙홀 사진입니다』, 244~256쪽.

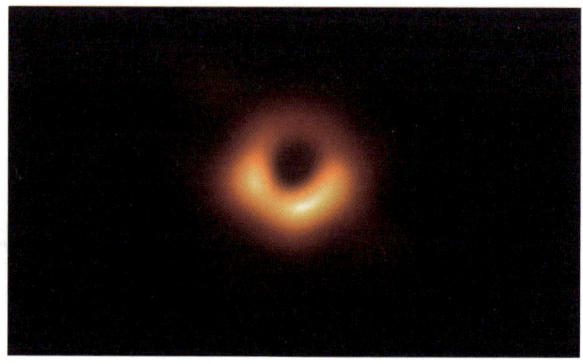

EHT 팀이 2017년에 촬영하여 2019년에 공개한 블랙홀 이미지
© Event Horizon Telescope Collaboration

미국이 우주군 Space Force을 창설.

중국의 무인 탐사선 '창어 4호'가 인류 최초로 달의 뒷면에
착륙.

이스라엘 민간기업 스페이스일 SpaceIL이 '베레시트 Beresheet'
우주선을 달에 보냈으나 달 표면에 불시착. '창세기'를
의미하는 이름의 이 우주선은 히브리어 성경책을 실은 채
아직 달에 남겨져 있다.

영화 「유랑지구 The Wandering Earth」 상영

2020년

10월 13일. 달 탐사 프로그램이자 우주탐사 관련 협정인
아르테미스 협정 Artemis Accords이 체결되었다. 달에
유인우주선을 착륙시키고 기지를 건설하는 것을

목표로 두고, 미국이 주도하여 2024년 말까지 48개국이
가입했다. 아르테미스는 그리스신화에 등장하는 달의
여신이자 아폴론의 쌍둥이 누이다.

스페이스X가 광대역 신호를 전송하는 최대 규모의
군집위성인 스타링크 위성을 발사했다.

2021년

2월 18일. NASA가 2020년에 발사한 '퍼서비어런스
로버 Perseverance rover'가 화성에 착륙. 여기에 실린 높이
0.5m 회전날개 길이 1.2m 중량 1.8kg의 소형 헬리콥터
'인제뉴어티 Ingenuity'가 탐사를 시작했고, 고도 20m 높이까지
비행에 성공했다. 날개 파손으로 2024년 1월 25일에 임무를
종료했다.

2월 9일. 아랍에미리트가 발사한 '호프 Hope' 우주선이 화성
궤도에 진입. 이로써 역사상 다섯 번째로 화성에 도착한
국가가 되었다. 불과 24시간 뒤에 '톈원天問 1호'가 화성
궤도에 도착하여 중국은 여섯 번째 국가가 되었다.

3월. 중국과 러시아가 달에 공동으로 기지를 건설한다는
양해 각서를 체결.

5월 14일. 중국의 화성 탐사선 톈원 1호가 화성 표면에
착륙했다. 탐사 로버인 '주룽(祝融: 중국 신화에 등장하는
불의 신)'이 탐사를 시작했다.

5월 24일. 아르테미스 협정에 한국이 서명하여 10번째
참여국이 되었다.

11월 24일. NASA가 스페이스X의 '팰컨 9'에 DART를
탑재하여 발사. DART는 지구와 충돌 가능성이 있는
소행성을 우주선으로 타격해서 궤도를 변경시킬 수 있는지
실험할 목적으로 개발되었고, 소행성 디디모스^{Didymos}의
궤도를 돌고 있는 디모르포스^{Domorphos}와 충돌하여 경로를
살짝 바꾸었다. 인간이 행성의 궤도를 처음 바꾼 사건이다.

12월 25일. 제임스 웹 우주 망원경이 '아리안 5호'에 실려
발사되었다. 빛을 모으는 거울 지름이 6.5m에 이르는
이 망원경을 로켓에 싣고자 지름이 1.3m인 육각형 거울
18장으로 나누어 접는 구조로 설계되었다.

제임스 웹의 조립 과정 ⓒ NASA

유럽우주국이 홍보용으로 공개한 숀 인형 사진 ⓒ ESA

2022년

8월 5일. 한국은 달 탐사선 '다누리호'를 우주에 보냈다. 달의 화학 성분과 자기장을 연구할 목적으로 추진되었고, 스페이스X 로켓에 실려서 보내졌다.

9월. NASA가 행성 방어 임무용 우주선을 지구에서 1100만km 떨어진 소행성에 충돌시켜 소행성의 궤도 변경에 성공.

11월 16일. 유럽우주국이 '아르테미스 1호'를 발사하여 초대형 발사체인 SLS 로켓의 첫 번째 테스트를 통과했다. 인간을 태우기 위해 설계된 우주선으로는 달 너머로 6만 4000km를 비행해서 최장 거리 기록을 세웠다. 하지만 이 우주선에는 사람이 아닌 봉제 인형 숀(영국 애니메이션 「Shaun the Sheep」에 등장하는 양 캐릭터)을 태웠다.

유럽우주국의 데이비트 파커는 이렇게 말했다. "음, 이것은 인간에게는 작은 발걸음일지 모르지만 양 전체의 역사에서는 거대한 도약입니다."

팀 마샬, 『지리의 힘 3』, 241쪽.

2023년

3월. 일본우주항공연구개발기구JAXA가 스페이스X '팰컨 9'의 대항마로 'H3 로켓'을 발사했으나 2단계 엔진 점화 실패 후에 자폭했다.

5월 25일. 한국항공우주연구원이 개발한 한국형 발사체 누리호가 3차 발사에 성공.

8월 10일. 러시아가 보스토치니 우주기지에서 무인우주선 '루나 25호'를 발사했으나 8월 20일 달에 추락했다.

8월 23일. 인도의 '찬드라얀 3호'가 달의 남극에 최초로 착륙. 앞서 2019년 '찬드라얀 2호'는 달 표면 착륙 전에 교신이 끊겨서 실패한 바 있다.

2024년

5월 27일. 한국우주항공청이 경남 사천에 개청.

6월 25일. 중국의 '창어 6호'가 달 뒷면에서 암석을 채취하여 지구로 귀환.

2025년

5월 3일. 국가 우주개발의 진흥, 이용, 관리, 책임 등에 대한
법적 틀 마련을 위한 최초의 종합법 '우주개발진흥법' 공포.

2026년

일본 기업 아스트로스케일이 '수명 종료^{ELSA-d}' 서비스를
실용화할 예정이다. 고장 난 인공위성 같은 우주쓰레기를
포획하여 로봇팔로 대기권에 던져서 소멸시키는 작업이다.

4월. 아르테미스 2호 발사 예정. 우주비행사 4명이 탑승하며
한국산 큐브위성^{K-RadCube}이 탑재될 예정이다.

2027년

영국이 인공위성 '스카이넷 6A'를 발사할 예정이다. 영국은
1969년에 '스카이넷 1A'를 발사한 이래 꾸준히 위성을 발사
했으며, 2021년에는 영국 우주사령부를 창설했다. 에어버스에서
제작하고 있는 6A를 이 사령부에서 운영할 예정이다.

2028년

아랍에미리트 우주청이 금성을 근접 통과한 후 한 소행성에
도착할 우주선을 발사하여 2033년에 착륙 예정이다.

2029년

유럽우주국이 '혜성 인터셉터^{Comet Interceptor}' 우주선을
발사할 예정이다.

---

* 이 연표는 이 책에 담긴 국내외 사건들을 중심으로 구성하였으며 대중적으로
알려진 사건들을 추가했다. 아울러 각 사건의 이해를 돕기 위해 우주 담론에
관련된 주요 문헌에서 일부분을 인용했다.

우주 담론

Cosmic Discourse

지구 너머를 사유하기 위한 지침서

2025년 11월 15일 초판 1쇄 인쇄

2025년 11월 28일 초판 1쇄 발행

저자	이영준, 조인용, 박하신, 안형준, 최진석, 이서영, 김상규
펴낸이	김동환
펴낸곳	서울과학기술대학교 출판문화원(ST PRESS)
기획	김상규, 이영준
편집	윤정아, 김선례
디자인	이지원(archetypes)

ST PRESS

서울 노원구 공릉로 232

02-970-9392

www.stpress.kr

stpress@seoultech.ac.kr

ISBN 979-11-994935-0-6 (93440)

정가 20,000원